配电网可研初设一体化
报告编写及案例解析

国网浙江省电力有限公司绍兴供电公司 组编

中国电力出版社
CHINA ELECTRIC POWER PRESS

内 容 提 要

本书旨在阐述配电网建设和改造项目的可行性研究与初步设计报告的一体化编制流程。主要内容包括配电网发展与一体化设计导论、配电网设计基础与深度解析、配电网可研初设一体化编制实操、编制过程中易出现的典型错误分析、评审要点及编制质量提升，以及配电网可研初设一体化的区域项目典型案例。本书对理解配电网可研初设一体化编制技巧，更好地将理论知识应用于具体实践有着重要意义。

本书可供从事中低压配电网建设与改造相关的电网规划咨询、可研编制、工程设计、工程造价等专业工作的技术人员阅读使用，也可供配电网规划咨询、工程设计评审人员研读。

图书在版编目（CIP）数据

配电网可研初设一体化报告编写及案例解析 / 国网
浙江省电力有限公司绍兴供电公司组编 . -- 北京：中国
电力出版社 , 2024. 12. -- ISBN 978-7-5198-9427-6

Ⅰ. TM727；H152.3

中国国家版本馆 CIP 数据核字第 2024HG9632 号

出版发行：中国电力出版社
地　　址：北京市东城区北京站西街 19 号（邮政编码 100005）
网　　址：http：//www.cepp.sgcc.com.cn
责任编辑：穆智勇（010-63412336）
责任校对：黄　蓓　常燕昆
装帧设计：张俊霞
责任印制：石　雷

印　　刷：北京雁林吉兆印刷有限公司
版　　次：2024 年 12 月第一版
印　　次：2024 年 12 月北京第一次印刷
开　　本：710 毫米 ×1000 毫米　16 开本
印　　张：9.75
字　　数：149 千字
定　　价：60.00 元

本书编委会

配电网是保障电力"落得下、用得上"的关键环节,其作为电力用户和供电企业之间的桥梁,可以将电能直接供给电力用户,是城市和农村建设的基本保障。

随着经济的迅速发展和城市、乡村建设的加速进行,配电网项目数量与日俱增,而配电网项目本身就具有点多面广、整体规模大、单体规模小、建设周期短等特点,设计成果的标准化、规范化、完整性、合理性审查相应成为国家电网有限公司一项非常繁重的工作内容,因此有效提高设计质量和效率尤为重要与紧迫。

传统上,配电网的可行性研究和初步设计是分开进行的,存在信息传递不畅、工作重复等问题,而可研初设一体化设计可以减少信息传递过程中的误解和错误,加快决策过程,提前发现潜在的问题,并在初期阶段就进行综合分析和优化,能够有效提高电力系统规划和设计的效率和质量。基于此,国家电网有限公司持续推进配电网可研初设一体化建设,且在工作中也取得了良好的效果。国网浙江省电力有限公司绍兴供电公司坚决执行国家电网有限公司要求,强力推进配电网可研初设一体化工作并积累了大量经验教训。为帮助读者理解配电网可研初设一体化编制技巧,更好地将理论知识应用于具体实践,编者总结这些经验和技巧,编写了本书。同时,为了方便一线人员阅读使用,书中采用现场使用的简称及缩写,如"1#""主变"等。

本书共分六章:第一章对配电网发展基本情况和配电网可研初设一体化进行介绍;第二章介绍配电网的基础知识,包括配电网释义和设计深度；第三章主要介绍可研初设一体化编制的实操流程；第四～六章则回顾各单位在配电网"可研初设一体化"成果编制过程中的疑惑，总结各单位历年评审过程中常见的典型错误，提出在今后评审工作中提升评审效率的管理办法，给出了配电网"可研初设一体化"编制典型案例。

本书编写过程中得到了国网浙江省电力有限公司绍兴供电公司、绍兴大明电力设计院有限公司相关领导、专家的大力支持，在此，对以上单位及其领导、专家的辛勤劳动表示衷心感谢！

限于编者学识水平，书中不足之处在所难免，恳请读者批评指正。

编者

2024 年 10 月

第一章　配电网发展与一体化设计导论

🎯【章节目标】

本章旨在通过对配电网发展基本情况和配电网可研初设一体化的介绍，使读者了解配电网发展历史和开展配电网可研初设一体化编制的必要性。

📑【知识指南】

知识一　配电网发展基本情况

配电网是电力系统中直接面向用户供电的环节，是输电环节和用电环节的转换枢纽，是保障电力"落得下、用得上"的关键环节，是城市建设的基本保障。

配电网由架空线路（电缆）、配电变压器、环网室、柱上开关、无功补偿装置及一些附属设施组成，在电网中起着分配电能的作用。

电力工业源于 19 世纪末西方工业文明的发展，而我国电力工业的开端当属 1879 年 5 月 28 日，英国人毕晓浦在上海租界利用自激式直流发电机点燃碳极弧光灯。此后，英国人立德尔于 1882 年在南京路江西路北角创办了中国第一家发电厂，并在上海外滩至虹口架设了一段长约 6.4km 的电力线路，这可以视为我国配电网的开端。

1953—1957 年第一个五年计划时期，我国以苏联帮助建设的 156 项工程为中心，开始在全国范围内开展大规模的经济建设，配电网也得到相应的发展。新建的线路和变电站基本上是为重要的用电企业服务的，因此这一时期的配电网结构主要是放射型的。

1958—1978 年的 20 年间，由于电力工业的发展速度较慢，我国一度出现低频运行、拉闸限电等情况，还有不少城市发生严重的"卡脖子"现象，电能送不进、供不出，在一定程度上影响了城市的经济建设。

从 20 世纪 80 年代开始，我国配电网发展进入一个新时期，开始采用统一的技术规范和质量标准，促进配电网的建设经济合理、运行安全可靠。

20 世纪 90 年代后期，我国又开展了配电自动化的试点工作，但受到技术和管理水平限制，以及配电网架和设备的完善程度，早期建设的配电自动化系统没有发挥应有的作用。

进入 21 世纪，我国电力工业进入了智能电网建设时代。在物理电网的基础上，将现代先进的传感测量技术、通信技术、信息技术和控制技术与物理电网集成，形成智能电网。

21 世纪 10 年代至今，储能、可再生能源、电动汽车等新兴事物大量介入配电网，使配电网逐步演变为有源配电系统。此时期配电网的建设、运行管理更关注兼容间歇式可再生能源的问题，旨在提高绿色能源利用率，优化一次能源结构[1]。

2024 年，国家发展改革委、国家能源局以发改能源〔2024〕187 号发布《关于新形势下配电网高质量发展的指导意见》（简称《意见》），这是"双碳"目标提出以来相关部门首次以正式文件的形式对新形势下配电网的发展提出了具体要求。《意见》明确指出，配电网的发展目标是在增强保供能力的基础上，推动配电网在形态上从传统的"无源"单向辐射网络向"有源"双向交互系统转变，在功能上从单一供配电服务主体向源网荷储资源高效配置平台转变。到 2025 年，配电网网架结构更加坚强清晰，供配电能力合理充裕，配电网承载力和灵活性显著提升，有源配电网与大电网兼容并蓄，配电网数字化转型全面推进，开放共享系统逐步形成，支撑多元创新发展；智慧调控运行体系加快升级，在具备条件地区推广车网协调互动和构网型新能源、构网型储能等新技术。到 2030 年，基本完成配电网柔性化、智能化、数字化转型，实现主配微网多级协同、海量资源聚合互动、多元用户即插即用，有效促进分布式智能电网与大电网融合发展，较好满足分布式电源、新型储能及各类新业态发展需求，为建成覆盖广泛、规模适度、结构合理、功能完善的高质量充电基础设施体系提供有力支撑,以高水平电气化推动实现非化石能源消费目标。

知识二 可研初设一体化简介

"可研"的全称是"可行性研究",是在项目建议书被批准后,对项目在技术上和经济上是否可行所进行的科学分析和论证。具体而言,可行性研究是指在调查的基础上,通过市场分析、技术分析、财务分析和国民经济分析,对各种投资项目的技术可行性与经济合理性进行的综合评价。

可行性研究的基本任务,是对新建或改建项目的主要问题从技术经济角度进行全面的分析研究,并对其投产后的经济效果进行预测,在既定的范围内进行方案论证的选择,以便最合理地利用资源,达到预定的社会效益和经济效益。可行性研究必须从系统总体出发,对技术、经济、财务、商业以至环境保护、法律等多个方面进行分析和论证,以确定建设项目是否可行,为正确进行投资决策提供科学依据。项目的可行性研究是对多因素、多目标系统进行不断地分析研究、评价和决策的过程。

"初设"的全称是"初步设计",是根据批准的项目可行性研究报告和设计基础资料,设计部门对建设项目进行深入研究,对项目建设内容进行具体设计。主要依据可研报告批复的内容和要求,编制实施该项目的技术方案。初步设计文件包括设计说明书、有关专业设计的图纸、主要设备和材料表及工程概算书。初步设计是编制年度投资计划和开展项目招投标工作的依据。

可研初设一体化是将可行性研究报告和初步设计合并在一起一次性完成,将工程建设中的可行性研究阶段和初设阶段有机结合起来,在可行性研究阶段就使得方案设计、投资造价达到施工图、预算深度,确保施工图设计与可研规模、投资一致。这种模式的特点通常表现为可研、初设和施工图设计工作的同步性、协调一致性和延续性。

可研初设一体化报告的可行性部分对工程项目在先进性、适用性、可靠性和经济性等方面进行科学分析论证,确定项目是否可行,设计部分在保证技术可行和经济合理的前提下,确定项目的主要技术方案、设备选型、路径方案及各项技术经济指标。总体上,可行性部分是设计的基础,设计部分是对可行性成果在技术、经济等方面的深化，不可分割。

知识三　可研初设一体化意义

配电网工程的全过程管理，涉及整个配电网工程项目从项目前期、设计施工建设、运营维护直到项目结束的全过程系统化、科学化管理。

项目前期一般分为规划阶段、项目需求阶段、可研阶段、综合计划阶段、服务及物资招标采购及合同签订等阶段。可研初设一体化主要包括项目前期的规划阶段、项目需求阶段、可研阶段和设计施工建设期的初设阶段。

规划阶段主要指导配电网中长期建设与改造，适度超前发展，确保配电网与主网架及地方经济建设协调发展，为可研报告编制提供依据。

项目需求阶段充分对接上级电网规划，统筹多元化投资主体、多渠道投资来源、多类型建设性质项目需求，强化项目重要程度划分，提出配电网建设改造需求，为可研报告编制提供依据。

可研阶段以规划和项目需求为依据开展项目储备，储备库动态管理、滚动编制，完成批复的项目纳入项目储备库，作为投资计划、预算、物资及服务采购的依据。可研阶段作为配电网项目前期重要环节，融合规划、项目需求形成项目储备，并作为后续招标依据。若可研阶段深度足够，可在此阶段对规划和需求形成反馈，提前完成规划验证；若存在问题，则需重新论证规划再编制可研。

初设阶段是配电网项目实施的重要环节，作为项目前期后的第一个环节，是对可研阶段的继承深化，指导并限制后续项目实施和结算。

在以往配电网建设与改造项目初期，可研与初设工作一直存在冲突。可研工作往往存在一定的理想化趋向，不与具体施工直接联系，所以对于资金的用途、施工资源的调配等方面都不会有充分的考虑，而当后期交与建设管理单位后，所有实际问题都要综合考虑，与前期的设计思路往往存在一定的偏差，如气象条件选择、路径选择不同导致现场无法实施。若两者信息不对称，往往造成延续性较差、人力资源投入浪费等情况。

推行可研初设一体化编制主要存在以下优点：

4

（1）提高工作效率。在传统独立进行可研和初步设计的情况下，二者之间往往存在反复沟通、信息传递等环节，影响双方的工作效率。在实行可研初设一体化的情况下，可研和初设是同步交叉进行的，有效避免了信息传递环节和时间成本的浪费，提高了工作效率。

（2）优化设计方案。在传统独立进行可研和初步设计的情况下，可研部分在线路路径等选择上往往与初设大相径庭，在初设路径调整后，往往会失去原可研的可行性和经济性。在实行可研初设一体化的情况下，在项目开展初期就按照施工图深度整合各方面要求，综合考虑项目的可行性、经济性，从而实现方案最优。

（3）做精项目储备。在传统独立进行可研和初步设计的情况下，可研估算和初设概算往往偏差较大，给投资计划决策带来较大困扰。在实行可研初设一体化的情况下，估算和概算投资一致，大幅提升公司投资决策正确性。

配电网作为重要的公共基础设施，在保障电力供应、支撑经济社会发展、服务改善民生等方面发挥重要作用。随着新型电力系统建设的推进，配电网正逐步由单纯接受、分配电能给用户的电力网络转变为源网荷储融合互动、与上级电网灵活耦合的电力网络，在促进分布式电源就近消纳、承载新型负荷等方面的功能日益显著。在此背景下，配电网建设任重道远，有必要实行"可研初设一体化"。

📝【内容小结】

本章知识一小节从配电网发展基本情况出发，描述了配电网建设的重要性，同时也确定了配电网从无源到有源、从单一供配电服务主体向源网荷储资源高效配置平台转变的趋势。

知识二、知识三小节从配电网可研初设一体化简介及实行可研初设一体化意义方面论述了推行可研初设一体化编制后在提高工作效率、优化设计方案、做精项目储备等方面的优点。

目 【测试巩固】

1. 现今的配电网与传统配电网有哪些区别?

2. 可行性研究部分与初设部分各自的侧重点有哪些?

第二章　配电网设计基础与深度解析

◎【章节目标】

本章旨在通过对配电网基础知识和设计深度的介绍，帮助读者掌握简单的配电网规划建设知识及配电网可研初设一体化编制内容。

📑【知识指南】

知识一　配电网释义

配电网是从电源侧（输电网、发电设施、分布式电源等）接受电能，并通过配电设施就地或逐级分配给各类用户的电力网络，对应电压等级一般为110kV及以下。其中，35～110kV电网为高压配电网，10（20、6）kV电网为中压配电网，380/220V电网为低压配电网。本书涉及的是中压和低压配电网。

一、中压配电网网架

根据《配电网规划设计技术导则》（Q/GDW—10738），依据区域饱和负荷密度、参考行政级别、经济发达程度、城市功能定位、用户重要程度、用电水平、GDP等因素将供电区域划分为A+～D五种类型，如表2-1所示。

在供电区域下，应衔接城乡规划功能区、组团等区划，结合地理形态、行政边界划分供电分区，规划期内的高压配电网应网架结构完整、供电范围相对独立。供电分区一般可按县（区）行政区划划分，对于电力需求总量较大的市（县），可划分为若干个供电分区，原则上每个供电分区负荷不超过1000MW。

在供电分区中，宜与国土空间规划相适应，结合道路、铁路、河流、山丘等明显的地理形态，划分供电网格。在城市电网规划中，一般以街区（群）、地块（组）作为供电网格；在乡村电网规划中，可以乡镇作为供电网格。

表 2-1　供电区域划分表

供电区域规划设计标准分级	A+	A	B	C	D
主要分布区域	超大城市、特大城市、Ⅰ型大城市中心城区的核心区	（1）超大城市、特大城市、Ⅰ型大城市中心城区的核心区以外的中心城区；（2）Ⅱ型大城市的中心城区	（1）大城市及以上规模城市除中心城区外的其他城区；（2）中等城市、小城市的城区；（3）县级政府所在地的镇区	以平原地形为主的乡镇	以山区地形为主的乡镇及其他乡镇
饱和负荷密度（MW/km^2）	$\sigma \geq 30$	$15 \leq \sigma < 30$	$\sigma < 15$	$\sigma < 3$	

（表头：城区及县级政府所在地的镇区 | 其他镇区及乡村）

供电网格的供电范围应相对独立，供电区域类型应统一，电网规模应适中，饱和期宜包含 2~4 座具有中压出线的上级公用变电站（包括有直接中压出线的 220kV 变电站），且各变电站之间具有较强的中压联络。供电网格的划分应综合考虑中压配电网运维检修、营销服务等因素，以利于推进一体化供电服务。

供电网格下划分供电单元，供电单元一般由若干个相邻的、开发程度相近、供电可靠性要求基本一致的地块（或用户区块）组成。在划分供电单元时，应综合考虑供电单元内各类负荷的互补特性，兼顾分布式电源发展需求，提高设备利用率。供电单元的划分还应综合考虑饱和期上级变电站的布点位置、容量大小、间隔资源等影响，饱和期供电单元内以 1~4 组中压典型接线为宜，并具备 2 个及以上主供电源。正常方式下，供电单元内各供电线路宜仅为本单元内的负荷供电。

各类供电区域中压配电网目标网架结构推荐表见表 2-2，按此确定网架建设标准。

表 2-2　中压配电网目标网架结构推荐表

供电区域类型	电网结构	
	架空	电缆
A+、A、B 类	多分段适度联络	双环式、单环式
C、D		—

架空线路网架结构示意图见图 2-1 ~ 图 2-3。

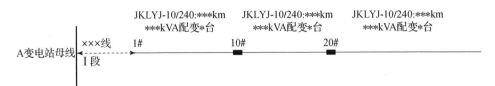

图 2-1 多分段单辐射接线示意图

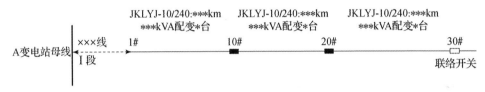

图 2-2 多分段单联络接线示意图

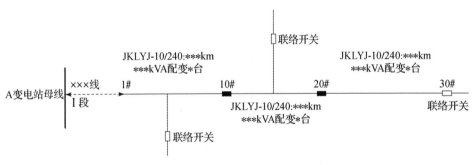

图 2-3 多分段适度联络接线示意图

电缆网架结构示意图见图 2-4、图 2-5。

中压架空线路联络点的数量根据周边电源情况和线路负载大小确定,一般不超过 3 个。架空线路网架具备条件时,宜在主干线路末端进行联络。单回线路的分段数宜控制在 3 ~ 5 段范围内,每段负荷应均匀接入且容量不宜超过 2MW。

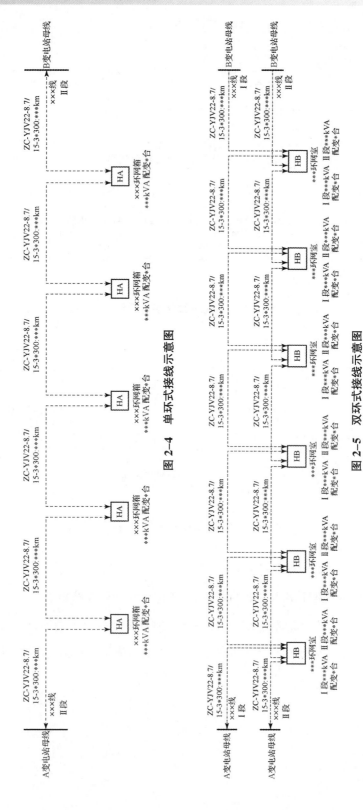

图 2-4 单环式接线示意图

图 2-5 双环式接线示意图

二、低压配电网网架结构

低压配电网以配电变压器或配电室的供电范围实行分区供电，一般采用辐射结构。低压配电线路可与中压配电线路同杆（塔）共架。低压支线接入方式可分为放射型和树干型，示意图参见图 2-6、图 2-7。

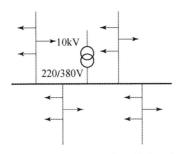

图 2-6　放射型低压配电网接线示意图

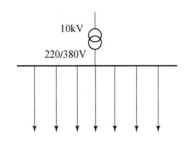

图 2-7　树干型低压配电网接线示意图

三、中低压配电网设备

中低压配电网除了架空线路、电缆，一般还包括中压架空线路设备、中压电缆线路设备和低压设备[3]。

（一）中压架空线路设备

中压架空线路设备主要包括柱上断路器、跌落式熔断器、柱上无功补偿装置、柱上变压器等设备。

1. 柱上断路器

柱上断路器主要为实现在停电检修时形成明显断开点，同时在有负荷时切断线路及转换线路时使用，一般与柱上隔离开关配套使用。

2. 跌落式熔断器

跌落式熔断器是 10kV 配电线路分支线和配电变压器最常用的一种短路保护开关，安装于 10kV 配电线路和配电变压器一侧，在设备投、切操作时提供保护。

3. 柱上无功补偿装置

柱上无功补偿装置用于稳定电网供电电压、提高功率因数、降低线路损耗，

11

主要适用于户外长距离输配电线路，补充线路无功损耗，提高并稳定线路末端电压，提高线路供电质量。

4. 柱上变压器

柱上变压器为安装于架空线路上，用于将高压电能转换为低压电能的设备，一般容量有 100、200、400kVA。

三相柱上变压器电气主接线图见图 2-8。

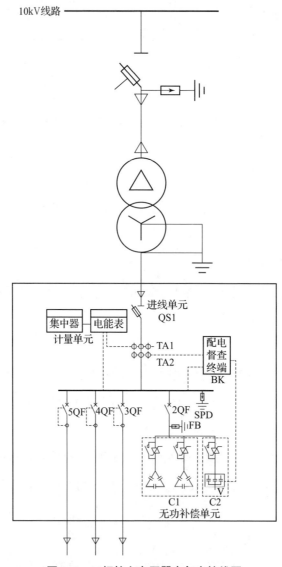

图 2-8　三相柱上变压器电气主接线图

（二）中压电缆线路设备

中压电缆线路设备主要为配电站房内的设备，主要分为环网室、环网箱、配电室、箱式变电站等。

1. 环网室

10（20）kV 环网室，主要作用是将电力环网分配给各个需求端。一般进线 2～4 回，馈线 2～12 回，全部采用电缆进出线，室内布置，由 10kV 开关柜和站用变压器柜组成（也可无站用变压器柜，只有电压互感器柜）。站内配电自动化终端设备（DTU）一般采用组屏式安装。环网室主接线图见图 2-9。

2. 环网箱

10（20）kV 环网箱的功能与环网室类似，主要作用也是将电力环网分配给各个需求端。一般进线 2 回，馈线 2～4 回，全部采用电缆进出线，室外布置，开关柜布置在室外的箱体内，由 10kV 开关柜和电压互感器柜组成。站内配电自动化终端设备（DTU）采用遮蔽立式安装。环网箱主接线图见图 2-10。

3. 配电室

10（20）kV 配电室是指带有低压负荷的室内配电场所，主要为低压用户配送电能，设有中压进线（可有少量出线）、配电变压器和低压配电装置。一般分为高压配电室和低压配电室，一般一个配电室设两台配电变压器。10kV 侧选用环网柜，低压侧可选用固定式、固定分隔式或抽屉式。配电室主接线图见图 2-11。

4. 箱式变电站

10kV 箱式变电站指由 10kV 开关设备、电力变压器、低压开关设备、电能计量设备、无功补偿设备、辅助设备和联结件等元件组成的成套配电设备。这些元件在工厂内被预先组装在一个或几个箱壳内，用来从 10kV 系统向 0.4kV 系统输送电能。按设备型式可划分为美式和欧式。美式分为 200、400、500kVA 三种形式，欧式分为 400、500、630kVA 三种形式。箱式变电站主接线图见图 2-12。

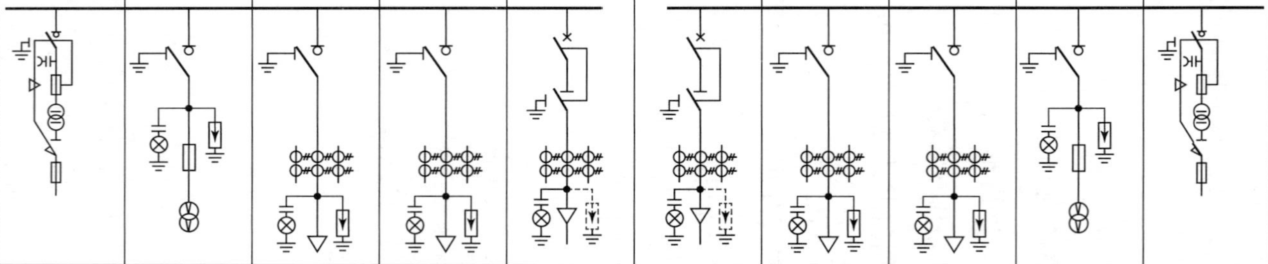

开关柜编号	G1	G2	G3	G4	G5~10	G11~16	G17	G18	G19	G20
	10kV I段母线		630A					630A		10kV II段母线
开关柜名称	I段站用变柜	电压互感器柜1	进线柜1	进线柜2	馈线柜1~6	馈线柜7~12	进线柜3	进线柜4	电压互感器柜2	II段站用变柜
额定电流(A)	630	630	630	630	630	630	630	630	630	630
额定电压(kV)	12	12	12	12	12	12	12	12	12	12
负荷开关	630A, 20kA	630A, 20kA	630A, 20kA	630A, 20kA	630A, 20kA	630A, 20kA	630A, 20kA	630A, 20kA	630A, 20kA	630A, 20kA
断路器					630A, 20kA	630A, 20kA				
隔离/接地开关										
熔断器	10/2A, 0.22/63A	1A							1A	10/2A, 0.22/63A
电压互感器JDZ14-10		10/0.1kV, 50VA							10/0.1kV, 50VA	
电流互感器 0.5级/10P·0			600/5	600/5	300/5	300/5	600/5	600/5		
避雷器 YH5WZ-17/45	1组	1组	1组	1组	1组	1组	1组	1组	1组	1组
带电显示器		1组	1组	1组	1组	1组	1组	1组	1组	
电操机构			1套	1套	1套	1套	1套	1套		
微机保护装置					1套	1套				
干式变压器	10/0.22kV, 15kVA									10/0.22kV, 15kVA
数显表	1只	1只	1只	1只	1只	1只	1只	1只	1只	1只
柜体尺寸(宽×深)mm	750×850	750×850	500×850	500×850	500×850	500×850	500×850	500×850	750×850	750×850

图2-9 环网室主接线图

10kV母线

一次主接线

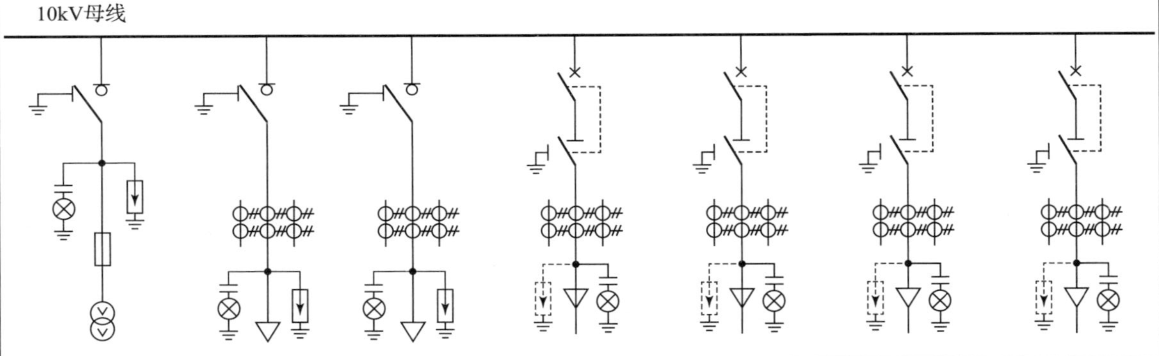

开关柜编号	H1	H2	H3	H4	H5	H6	H7
开关柜名称	TV柜	进线柜1	进线柜2	馈线柜1	馈线柜2	馈线柜3	馈线柜4
额定电流(A)	630	630	630	630	630	630	630
额定电压(kV)	12	12	12	12	12	12	12
负荷开关	630A, 20kA	630A, 20kA	630A, 20kA				
断路器				630A, 20kA	630A, 20kA	630A, 20kA	630A, 20kA
隔离/接地开关				1组	1组	1组	1组
熔断器	3只(3A)						
电压互感器(全绝缘)	2只 100.1/0.22kV 1kVA						
电流互感器 0.5级/10P10		600/5	600/5	300/5	300/5	300/5	300/5
避雷器 YH5WZ-17/45	1组	1组	1组	1组	1组	1组	1组
带电显示器	1只	1只	1只	1只	1只	1只	1只
微机保护装置				1台	1台	1台	1台
气体压力表				1台/气箱			1台
故障指示器	1只	1只	1只	1只	1只	1只	1只

图 2-10 环网箱主接线图

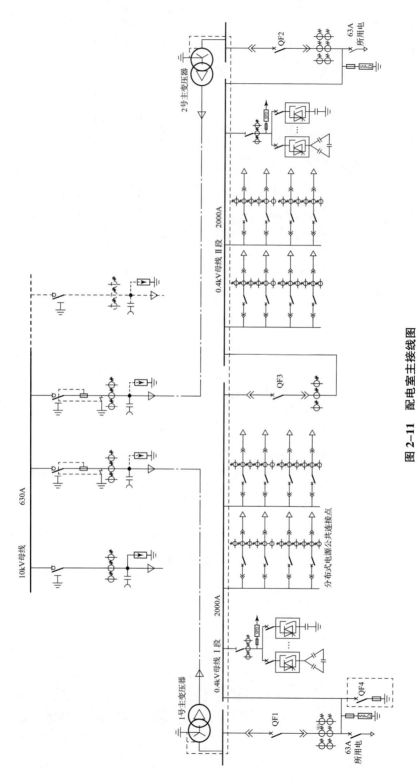

图 2-11 配电室主接线图

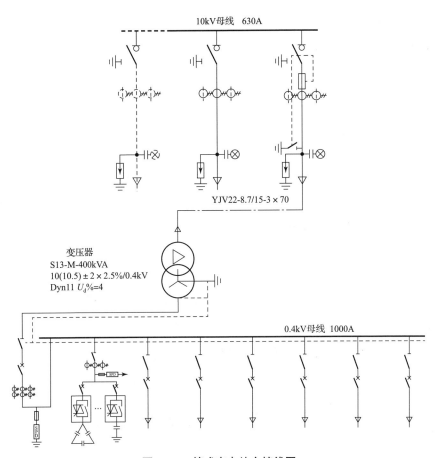

图 2-12　箱式变电站主接线图

（三）低压设备

低压设备一般分为低压开关柜、分支箱、配电箱等设备。

低压开关柜一般配置在配电室和箱式变电站中，配电箱配置在柱上变压器下方。

低压分支箱主要通过其内部的分支电路，将母线电缆分接到不同的用电设备上。主要由外壳、断路器、熔断器、电流互感器、电压互感器等部分组成，主要作用是对低压电力系统的电流进行分流和控制，保证电力分配的准确和安全。低压电缆分支箱电气接线图见图 2-13。

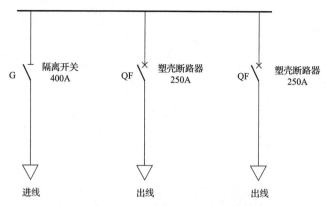

图 2–13　低压电缆分支箱电气接线图

四、配电网相关指标

1. 核心指标

配电网相关指标选取遵循新型高质量智能配电网建设标准和构建诊断体系要求，从网架承载能力、智能控制能力、运营管理能力、新能源接入、供电服务能力和应急保障能力 6 个维度，共选取 23 项核心指标。

因城区、农村配电网建设标准存在差异，各项指标及其目标值见表 2–3。

表 2–3　中心城区配电网核心指标体系统计

序号	诊断维度	诊断内容	核心指标	指标释义	计算方法	2023 年目标值		
						国际领先	国际先进	国际一流
1	网架承载能力	网架结构	10kV 线路联络率（%）	两条线路存在联接线，且由开关分断，定义为存在联络。有联络的线路占总线路数的比例称为线路联络率	存在联络的 10kV 线路条数 ÷10kV 线路总条数×100%	100%	100%	98%
2			中压配电网网架结构标准化率（%）	满足网架结构标准要求的中压线路条数占中压线路总条数的百分比	满足供电区域电网结构标准要求的中压线路条数 ÷ 中压线路总条数×100%	100%	95%	90%

18

序号	诊断维度	诊断内容	核心指标	指标释义	计算方法	2023 年目标值		
						国际领先	国际先进	国际一流
3	网架承载能力	转移能力	10kV 线路 N–1 通过率（%）	10kV 线路中，满足 N–1 安全准则的线路条数占线路总条数的百分比	满足 N–1 的 10kV 线路条数 ÷ 10kV 线路总条数 × 100%	100%	95%	90%
4			10kV 负荷站间可转供率（%）	站间通过 10kV 线路转移负荷的百分比	能够通过站间转供的 10kV 线路负荷 ÷ 统计区域内所有 10kV 线路最大负荷 × 100%	60%	55%	50%
						50%	40%	30%
5		装备水平	标准设备应用率（%）	新增标准配电设备数量占新增配电设备总数的百分比	标准设备中标量 ÷ 同类设备中标总量 × 100%	100%	100%	100%
6	智能控制能力	配电自动化水平	开关站配电自动化覆盖率（%）	安装配电自动化设备的开关站数量占开关站总数量的百分比	安装配电自动化设备的开关站数量 ÷ 开关站总数量 × 100%	90%	90%	90%
7			中压开关"三遥"覆盖率（%）	覆盖"三遥"终端的开关站、环网箱、柱上开关数量占开关站、环网箱、柱上开关总数量的百分比	（实现"三遥"功能的开关站、环网箱、柱上开关数量）÷（开关站、环网箱、柱上开关总数量）× 100%	70%	65%	65%
8			馈线自动化线路覆盖率（%）	具备馈线自动化（FA）功能且投入半自动或全自动 FA 的馈线条数占总馈线条数的百分比	具备馈线自动化功能且投入半自动或全自动 FA 的线路条数 ÷ 线路总条数 × 100%	75%	70%	70%

序号	诊断维度	诊断内容	核心指标	指标释义	计算方法	2023年目标值		
						国际领先	国际先进	国际一流
9	智能控制能力	配电自动化水平	台区智能融合终端覆盖率（%）	安装台区智能融合终端的台区数量占台区总数量的百分比	安装台区智能融合终端的台区数量÷台区总数量×100%	80%	70%	70%
10			故障类停电信息精准通知到户（%）	主动通知用户故障类停电的信息户数是指统计期内通过线上渠道通知故障停电用户数与停电影响用户总数的百分比	主动通知用户故障类停电的信息户数÷故障停电影响的用户总数×100%	95%	95%	95%
11	运营管理能力	运维服务力及数字化水平	故障用户平均复电时间（h）	从电网故障发生到用户恢复供电所需时间。可通过采用应急发电车等"先复电、再维修"措施缩短该时间	从用户故障报修到用户恢复供电所需时间	0.42h	0.5h	0.58h
12			工单驱动业务模式覆盖率（%）	配电业务中工单驱动业务模式覆盖比例	实现工单驱动的配电业务数量÷配电运检业务总量×100%	100%	100%	100%
13			不停电作业化率（%）	采用不停电作业方式减少的停电时户数占计划停电时户数与不停电作业减少停电时户数之和的百分比	采用不停电作业方式减少的停电时户数÷（计划停电时户数+不停电作业减少停电时户数）×100%	98%	95%	90%
14			数字化班组覆盖率（%）	数字化班组实现10项功能建设的数量占班组总数的百分比	满足数字化业务能力的班组数量÷班组总数×100%	100%	100%	100%

序号	诊断维度	诊断内容	核心指标	指标释义	计算方法	2023 年目标值		
						国际领先	国际先进	国际一流
15			分布式电源接入率（%）	按照并网服务流程，完成验收并网的分布式电源数量占受理并网申请的分布式电源数量百分比	完成验收并网的分布式电源数量÷受理并网申请的分布式电源数量×100%	100%	100%	100%
16	新能源接入	新能源接入	配电网设备可开放容量共享率（%）	已共享可开放容量的 35（66）kV 变电站主变压器数量、10kV 线路数量、10kV 配电变压器数量是指统计期末供电服务指挥系统将上述设备可开放容量信息同步至营销业务应用系统，并同步至 95598 业务支持系统的设备数量	已共享可开放容量的 35（66）kV 变电站主变压器÷35（66）kV 变电站主变压器数量×0.3×100%+已共享可开放容量的 10kV 线路数量÷10kV 线路数量×0.4×100%+已共享可开放容量的 10kV 配电变压器÷10kV 配电变压器数量×0.3×100%	100%	100%	100%
17			并网型分布式光伏监测率（%）	可监测的并网分布式光伏数量占完成验收并网的分布式光伏数量百分比	可监测的并型分布式光伏数量÷完成验收并网的分布式光伏数量×100%	100%	100%	100%
18			电动汽车充电桩报装接入率（%）	新增电动汽车充电桩实际接入数占电动汽车充电桩用电报装数的百分比	新增充电桩实际接入数÷充电桩用电报装数×100%	100%	100%	100%

序号	诊断维度	诊断内容	核心指标	指标释义	计算方法	2023 年目标值		
						国际领先	国际先进	国际一流
19			供电可靠率（%）	统计周期内供电时间与统计时间的百分比，反映了供电系统持续供电的能力	（1-系统平均停电时间÷单位年度总小时数）×100%	100.00%	99.99%	99.99%
20	供电服务能力	综合指标	综合电压合格率（%）	统计区域内，实际运行电压在允许偏差范围内累计运行时间占总时间的百分比	[0.5×A 类监测点合格率+0.5×（B 类监测点合格率+C 类监测点合格率+D 类监测点合格率）÷3]×100%	100.00%	100.00%	100.00%
21			综合线损率（%）	配电网损失电量占总供电量的百分比	配电网年度损失电量÷年度总供电量×100%	3.50%	3.50%	4.00%
22	应急保障能力	应急电源及抗灾能力	自备电源接入比例（%）	重要用户自备电源数量占总数量的百分比	重要用户自备电源数量÷重要用户总数量×100%	80%	90%	100%
23			受灾区域差异化规划设计线路比例（%）	受灾区域已采用差异化规划设计 10kV 线路占总线路条数的百分比	已采用差异化规划设计 10kV 线路条数÷总线路条数×100%	80%	90%	100%

2. 支撑指标评估

为深刻探究配电网在网架承载能力、智能控制能力、运营管理能力、新能源接入、供电服务能力和应急保障能力 6 个核心维度的主要问题，展开分析工作，识别其关键薄弱环节，选取 21 项关键问题形成支撑指标体系，见表 2-4。

表 2-4 支撑指标体系统计

序号	诊断维度	诊断分类	支撑指标	指标释义	计算方法
1	网架承载能力	网架结构	线路站间联络率（%）	存在站间联络的10kV线路条数占10kV线路总条数的比例	线路站间联络率=（存在站间联络的10kV线路条数÷10kV线路总条数）×100%
2			线路供电半径超标比例（%）	10kV供电半径超标条数与10kV线路总条数的比例	线路供电半径超标比例=（10kV供电半径超标条数÷10kV线路总条数）×100%
3			架空线路平均分段数（段）	所有10kV架空线路分段数的平均值	10kV架空线路平均分段数=10kV架空线路的分段数÷10kV架空线路总条数
4			架空线路分段合理率（%）	架空线路分段合理条数的占比	10kV架空线路分段合理率=（10kV架空线路合理分段条数÷10kV线路总条数）×100%
5			架空线路大分支数（条）	10kV架空线路大分支数指统计装接容量大于5000kVA或中低压用户数大于1000户的分支线	10kV架空线路大分支数=装接容量大于5000kVA或中低压用户数大于1000户的分支线
6		装备水平	中压线路电缆化率（%）	10kV线路电缆线路长度占10kV线路总长度的比例	中压线路电缆化率=（所有10kV线路电缆线路长度之和÷所有10kV线路总长度）×100%
7			架空线路绝缘化率（%）	10kV线路架空绝缘线路长度占10kV线路架空线路总长度的比例	架空线路绝缘化率=（所有10kV线路架空绝缘线路长度之和÷所有10kV线路架空线路总长度）×100%
8			公用线路平均装接配变容量（MVA/条）	公用线路装接配变总容量与公用线路总条数的比值	公用线路平均装接配电变压器容量=公用线路装接配电变压器总容量÷公用线路总条数
9			老旧线路长度（km）	架空线路运行年限超过30年，电缆设备运行年限超过25年的长度	—

23

序号	诊断维度	诊断分类	支撑指标	指标释义	计算方法
10	网架承载能力	装备水平	高损配电变压器占比（%）	高损配电变压器（S7及以下）占比为高损配电变压器台数占配电变压器总台数的比例	高损配电变压器占比＝高损配电变压器台数（S7及以下）÷配电变压器总台数×100%
11			老旧配电变压器台数（台）	运行超过20年的配电变压器台数	—
12			老旧开关设备台数（台）	运行超过20年的开关设备台数	—
13		转移能力	线路重载率（%）	线路重载是指线路最大负载率超过80%，且持续时间达1h以上	线路重载率＝区域内重载公用线路条数/公用线路总条数×100%
14			配电变压器重载率（%）	配电变压器重载是指配电变压器最大负载率超过80%，且持续2h	配电变压器重载率＝区域内重载公变数量/公变总数量×100%
15			10kV线路N−1不通过率条数（条）	10kV线路中不满足N−1安全准则的线路条数	—
16			10kV负荷站间不可转供线路条数（条）	不能站间通过10kV线路转移负荷的条数	—
17	供电服务能力	运维水平及供电质量	高故障线路条数（条）	一年内线路故障停电次数超过3次的线路条数	—
18			用户平均预安排停电时间（h）	用户平均预安排停电时间指在统计期间内，每一用户的平均预安排停电小时数	用户平均预安排停电时间＝∑（每次预安排停电时间×每次预安排停电户数）÷总用户数
19			低电压线路数（条）	相对于标称电压10kV来说的电压下降超过7%的线路数量	—

续表

序号	诊断维度	诊断分类	支撑指标	指标释义	计算方法
20	供电服务能力	运维水平及供电质量	低电压台区数（台）	系统内统计的低电压配电变压器台数	—
21			三相不平衡台区数（台）	系统内统计的三相不平衡配电变压器台数	—

在配电网建设改造中应充分考虑配网现状的诊断分析，并根据这些指标的提升要求，选择合理的建设方案。

五、配电网工程总投资与工程造价

（一）工程总投资含义

配电网项目总投资是为完成工程项目建设并达到使用要求或生产条件，在建设期内预计或实际投入的全部费用总和。包括建设投资、建设期贷款利息和流动资金三部分，见图 2-14。

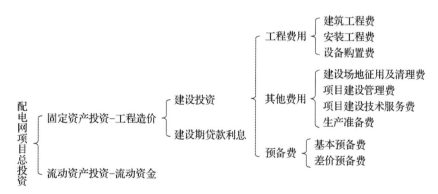

图 2-14 配电网工程建设总投资构成图

（二）工程总投资费用构成

1. 固定资产投资

固定资产投资由建设投资和建设期贷款利息两部分构成，其值与工程造价数量相同。建设投资是为完成工程项目建设，在建设期内投入且形成现金流出的全部费用。建设投资包括工程费用、其他费用和预备费三部分。工程费用是指建设期内直接用于工程建设、设备购置的建设投资，包括建筑工程费、安装工程费和设备购置费。其他费用是指为完成工程项目建设所必需的，但不属于建筑工程费、安装工程费、设备购置费、预备费的建设投资中的其他相关费用。预备费是在建设期内因各种不可预见因素的变化而预留的可能增加的费用，包括基本预备费和价差预备费。这些费用的构成见图 2-15～图 2-17。

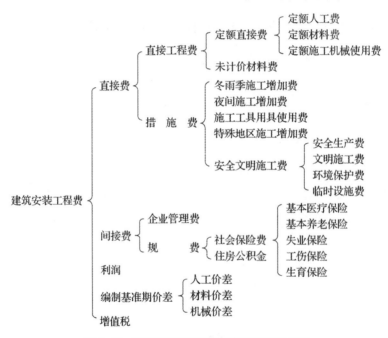

图 2-15 配电网工程建筑安装工程费构成图

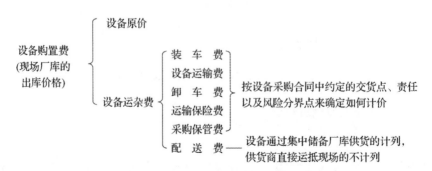

图 2-16 配电网工程设备购置费构成图

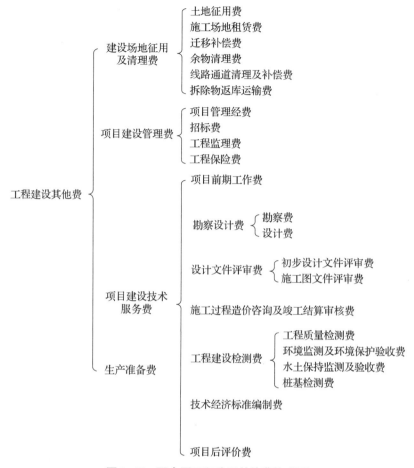

图 2-17　配电网工程建设其他费构成图

2.流动资金

流动资金指项目在运营期内长期占用并周转使用的营运资金，不包括运营中需要的临时性营运资金。

（三）工程造价概述

1.工程造价含义

工程造价通常是指工程项目在建设期（预计或实际）支出的建设费用。由于视角不同，工程造价有不同的含义。

含义一：从投资者（业主）角度看，工程造价是指建设一项工程预期开支或实际开支的全部固定资产投资费用。投资者为了获得投资项目的预期效益，需要对项目进行策划决策、建设实施（设计、施工）直至竣工验收等一系列活动。在上述活动中所花费的全部费用，即构成工程造价。从这个意义上讲，工程造价就是建设工程固定资产总投资。可研初设一体化文本中的估算、概算造价文件就是这一含义的体现。

含义二：从市场交易角度看，工程造价是指在工程发承包交易活动中形成的建筑安装工程费用或建设工程总费用。显然，工程造价的这种含义是指以建设工程这种特定的商品形式作为交易对象，通过招标投标或其他交易方式，在多次预估的基础上，最终由市场形成的价格。这里的工程既可以是整个建设工程项目，也可以是其中一个或几个单项工程或单位工程，还可以是其中一个或几个分部工程。

工程造价的两种含义实质上就是从不同角度把握同一事物的本质。对投资者而言，工程造价就是项目投资，是"购买"工程项目需支付的费用。同时，工程造价也是投资者作为市场供给主体"出售"工程项目时确定价格和衡量投资效益的尺度。

2. 配电网工程各阶段技术经济专业内容

配电网工程造价具有多次计价的特点，在工程的不同阶段专业内容可参见表 2-5。

表 2-5 配电网工程各阶段技术经济专业内容表

序号	配电网工程造价阶段		专业内容—工程造价成果
1	决策阶段	可行性研究阶段	投资估算、经济评价
2	设计阶段	初步设计阶段	初步设计概算
		施工图设计阶段	施工图预算
3	招投标阶段	招标投标阶段	招标控制价、标底、投标报价、合同价
4	施工阶段	施工阶段	结算、设计变更、现场签证费用等
5	竣工阶段	竣工验收阶段	工程决算

注意：本书作为介绍可研初设一体化报告编写的指导用书，下面内容只涉及投资估算及初步设计概算的相关内容。

3. 工程造价的作用

（1）项目决策和筹集建设资金的依据。在项目决策阶段，配电网工程造价是项目财务分析、经济评价和项目决策的重要依据。工程造价决定了项目建设资金的需求，当建设资金需要贷款时，金融机构需要根据工程造价来确定给投资者的贷款金额。

（2）评价投资效果的指标。配电网工程造价是评价投资合理性和投资效益的重要依据。在评价建筑安装产品或设备价格的合理性、评价建设项目偿贷能力或获利能力等方面，都需要依据工程造价做出判定。

（3）制订投资计划的工具。配电网工程的投资计划是逐年分月进行的，在不同设计阶段，对投资的多次计价有助于合理有效地制订投资计划。

（4）控制投资的手段。配电网工程每一次工程造价都是对投资的控制过程，原则上，后一阶段的建设预算金额不能超过前一次。可行性研究估算是工程的最高限价，初步设计概算原则上不能超过可行性研究估算，施工图预算原则上不能超过初步设计概算。可研初设一体化文本的编制，能够保证项目技术方案及建设预算在决策和实施阶段的一致性，可最大限度提高可研深度及投资控制的精细化程度。

知识二　设计深度及内容

一、可行性研究部分

可行性研究部分应包含编制依据、工程概况、建设必要性等内容。

编制依据应给出工程的任务依据及相关的技术依据，任务依据应包括与委托方签订的工程设计咨询合同、委托函或中标通知书等，技术依据应包括与工程相关的技术、规范、导则等。

工程概述应简述工程立项背景、工程规模、工程方案等，明确工程所属类别及工程所属供电分区类别；应界定出工程影响的电网范围，简要说明该电网范围的基本信息，如包含的中压馈线条数、设备规模、占地面积等；应简述工程采用的典型供电模式、典型设计、标准物料、通用造价等方案情况。

工程建设必要性应详细描述电网现状分析及存在问题；应分析电网网架情况，包括接线模式，供、配电设备、设施配置的供电能力，最大允许电流等内容；应分析电网设备情况，包括设备投运日期、型号、规模、健康水平等内容；应分析电网运行情况，包括供电线路（台区）最大负荷、负荷率、最大电流、安全电流等内容；应结合工程建设目的，从网架、设备、运行等方面分别进行分析，从供电安全性、可靠性、经济性、供电质量等方面提出电网存在的主要问题；应结合工程建设目的，协调地方规划建设、用电负荷发展提出电网外部建设环境可能存在的主要问题；并针对工程影响的电网存在的主要问题，结合项目的地位和作用，总结论述工程建设必要性。

工程宜从技术可行性、经济可行性两个方面论证并优选工程方案，计算备选方案实施前后的关键技术指标，并对指标进行对比分析，重点分析各方案满足建设目标的程度，在技术可行的前提下采用最小费用法论证经济可行性，特别适用于涉及站址选择、路径选择、设备选型的方案比选。

二、初步设计部分

初步设计部分根据《配电网工程初步设计内容深度规定》（Q/GDW 10784—2017）分为配电设计、配电电缆线路、配网架空线路三部分。

配电设计说明书应包含站址概况、主要技术经济指标、拆旧情况、电气主接线、主要设备选择、防雷接地、动力照明、继电保护及自动装置、电能计量及用电信息采集、远动通信、交直流系统、配电自动化、总平面布置、建筑和结构、消防通风采暖、站区给排水、防洪排涝、环境保护和劳动安全等内容。

配电电缆说明书应包含接入系统概况、电力电缆线路路径、环境及污秽条件、电缆敷设方式与排列、电缆及其附件的选型、电缆接地方式及分段、土建部分、电缆通道附属设施（防火、防水、排水、通风、照明等）、电缆敷设中对特殊环境段的处理、环境保护和劳动安全、拆旧情况等内容。

配网架空线路说明书应包括线路路径、气象条件、导（地）线选择、防雷和接地、绝缘子串和金具、柱上设备、大档距跨越的导线对地和交叉跨越距离、杆塔和基础、故障指示器、（必要时）通信部分、环境保护和劳动安全、拆旧情况等内容。

三、造价部分

本部分主要概述可研初设一体化文本建设预算。

1. 定义

（1）建设预算。建设预算是指以具体建设工程项目为对象，依据不同阶段设计，根据相关设计依据，对工程各项费用的预测和计算。本书所指的建设预算为投资估算、初步设计概算。

（2）建设预算文件。建设预算文件是指反映建设预算各项费用的计算过程和结果的技术经济文件，一般包括投资估算书和初步设计概算书。

（3）投资估算。投资估算是指根据可研初设一体化文件、设计方案等，按照相关计价依据，对拟建项目所需的总投资及费用构成进行的预测和计算。其编制形成的技术经济文件为投资估算书。

（4）初步设计概算。初步设计概算是指根据可研初设一体化文件，按照相关计价依据，对拟建项目所需的总投资及费用构成进行的预测和计算。其编制形成的技术经济文件为初步设计概算书。

2. 建设预算编制的计价依据

可研初设一体化文件中配电网电力工程造价的计价依据是指用于编制建设预算文件所采用的各类基础资料的总称。涉及的计价依据主要包括标准、定额、计价信息、法律法规、相关制度办法等。

（1）基础标准，包括《工程造价术语标准》（GB/T 50875）、《建设工程计价设备材料划分标准》（GB/T 50531）等。

（2）管理标准，包括《20kV 及以下配电网工程估算指标（2022 年版）》《20kV 及以下配电网工程工程量清单计算规范》（DL/T 5766—2018）、《20kV 及以下配电网工程工程量清单计价规范》（DL/T 5765—2018）等。

（3）工程定额，包括《20kV 及以下配电网工程建设预算编制与计算规定（2022 年版）》《20kV 及以下配电网工程预算定额（2022 年版）》《20kV 及以下配电网工程概算定额（2022 年版）》《20kV 及以下配电网工程估算指标（2022 年版）》。

（4）工程计价信息，指国家、各地区、各部门工程造价管理机构、行业组织及信息服务企业发布的指导或服务于建设工程计价的人工、材料、工程设备、施工机具的价格信息。如电力工程造价与定额管理总站发布的《2022年版20kV及以下配电网工程估算指标及概预算定额价格水平调整办法》及各年度的概预算价格水平调整系数，工程所在地造价管理部门发布的地方性材料信息价等。

（5）相关的法律法规，如《中华人民共和国建筑法》《中华人民共和国招标投标法》《中华人民共和国合同法》《中华人民共和国民法典》等。

（6）国家电网有限公司、省级公司相关制度、文件办法，如《国家电网有限公司10（20）kV及以下配电网工程项目管理规定》[国网（运检/2）921—2019]、《国家电网有限公司工程财务管理办法》[国网（财/2）351—2020]。

3. 建设预算编制的深度要求

（1）一般规定。

1）20kV及以下配电网建设工程在可研初设一体化文件编制时，应同时编制投资估算和初步设计概算。实施可研初设一体化原则编制的投资估算和初步设计概算中的建设安装费、设备购置费的量、价、费及其他费用的列支应保持一致，仅调整基本预备费费率及因基本预备费变化而导致的动态费用的变化部分。

2）20kV及以下配电网工程建设预算必须履行编制、校核、审核和批准程序。各级编制、校核、审核人员必须在工程预算书上签字并加盖专用章方可成为正式文件。

3）20kV及以下配电网工程建设预算编制必须制定统一的编制原则和编制依据。主要内容包括：工程项目的基本情况、编制范围、工程量计算依据、取费标准及配套定额选定、未计价材料价格、设备价格、编制基准期确定、编制基准期价差调整依据、编制基准期价格水平等。

4）建筑工程费、安装工程费的人工、材料及机械价格以电力行业定额（造价）管理机构颁布的定额及相关规定为基础，并结合相应的电力行业定额（造价）管理机构颁布的价格调整规定计算人工、材料及机械价差。

5）20kV 及以下配电网建设预算应按上条计价依据中规定的取费标准和配套定额编制，不足部分可选用相应行业或地方定额和取费标准，以及配套的价格水平调整办法和编制规则，编制原则中详细说明原因，并提供相应依据。

6）定额中缺项的，应优先参考使用相似建设工艺的定额，在无相似或可参考子目时，可根据类似项目的施工图预算或结算资料补充定额。对无资料可供参考的项目，可按具体技术条件编制补充定额。

7）工程量应按照 20kV 及以下配电网定额所规定的工程量计算规则，按照设计图标识数据计算。如果设备材料汇总统计表中的数据与图示数据不一致，应以图示为准。

8）取费计算规定应该与所采用的定额相匹配。

9）建设预算应按照建筑工程费、安装工程费、设备购置费和其他费用分别进行编制。

（2）建设预算的内容组成。建设预算的内容由编制说明、总预算汇总表（总表一）、总预算表（表一）、专业汇总预算表（表二）、单位工程预算表（表三）、其他费用预算表（表四）、建设场地征用及清理费用预算表、工程概况及主要技术经济指标表（表五）及相应的附表、附件等组成，相关表格中应有单位造价水平指标。建设预算的成品内容组成见表 2-6。

表 2-6 建设预算成品内容组成

序号	内容组成名称	投资估算	初步设计概算
1	封面	√	√
2	编审人员签字页	√	√
3	编制说明	√	√
4	总预算汇总表（总表一）	√	√
5	总预算表（表一）	√	√
6	专业汇总预算表（表二）	√	√

序号	内容组成名称	投资估算	初步设计概算
7	单位工程预算表（表三）	√	√
8	其他费用预算表（表四）	√	√
9	建设场地征用及清理费用预算表	√	√
10	工程概况及主要技术经济指标表（表五）	√	√

四、附件部分

可研初设一体化附件主要包含附图、附表及其他支持性文件。

1. 附图部分

配电相关附图应包含建设改造前后电气主接线图、10/0.4kV系统配置图、电气平面布置图、电气断面布置图、建筑平面布置图等内容。

配电电缆相关附图应包含接入前后电力系统方案图、电缆（光缆）路径图、电缆通道断面图、电缆（光缆）通道内敷设位置图等，必要时补充重要交叉穿越地段纵断面图。

配电架空线路相关附图应包含现状电网地理接线图及单线图、工程实施后地理接线图及单线图，电气主接线图、电气总平面布置图、电缆通道布置图、通信系统示意图、线路路径图、杆塔、基础型式等内容，相关的应补充柱上设备装置布置、电气主接线等图纸。

2. 附表部分

附表部分应包含工程项目信息表、杆塔明细表（见表2-7）、土建明细表（见表2-8）、电缆工程明细表（见表2-9）、主要设备材料清册表、拆旧物资清册等表格。

工程项目信息表应包括工程规模等内容。

主要设备材料清册表应包括所有应招标设备材料的名称、型号（或技术功能说明）、规格、数量等内容。

拆旧物资清册应包括拆旧物资的型号、数量，并说明利旧或退出运行情况。

表 2-7　杆塔明细表（示例）

杆塔明细表

杆塔编号	杆塔描述				档距描述		导线描述		线路转角	杆塔基础						杆上设备/附件					绝缘子与金具				成套铁附件			拉线装置		交叉跨越（处）						备注
	杆型代号	杆头代号	状态	地质情况	档距(m)	耐张段(m)	导线型号	状态	转角方向与度数	底盘/塔基		卡盘		拉盘		代号	状态	套数	接地装置		绝缘子(串)		接续金具		电商目录清单编码	型号	套数	型号	组数	公路	通信线	低压线	房屋	经济物	河流	
										型号	块数	型号	块数	型号	块数				型号	套数	型号	个/串	型号	个数												

表 2-8 土建明细表（示例）

桩位编号	工井/设备基础描述									管沟描述									备注
	工井/基础类型	工井型号	沟体结构	状态	所处地段	路面结构	土质类别	放坡方式	开挖方式	管沟类型	管沟型号	管间回填材质（沟体结构）	状态	长度（m）	所处地段	路面结构	土质类别	放坡方式	开挖方式	

续表

桩位编号	工井/设备基础描述								管沟描述									备注
	工井/基础类型	工井型号	沟体结构	状态	所处地段	路面结构	土质类别	放坡方式	开挖方式	管沟类型	管沟型号	管间回填材质（沟体结构）	状态	长度（m）	所处地段	路面结构	土质类别	放坡方式	开挖方式	

工程其他说明：

1.

2.

3.

4.

5.

6.

				设计阶段
×××设计院		电力管沟土建明细表		
审批		校核		
审核		设计		
项目负责人		制图		
专业负责人		比例		
日期		工程号		图号

表 2-9　电缆工程明细表（示例）

电缆序号	电缆井编号	地形	地质	电缆井规格	电缆管道规格		电缆管道长度			电缆管		
					排管型号	非开挖拉管型号	排管		非开挖拉管	电缆保护管CPVC-DS175	电缆保护管CPVC-DS100	电缆保护管MPP-DS175
							MPP管	CPVC管				
												××电缆工程
1	110kV××变											
	J5			原井								
	J6	平地		6×1.7×1.5直线井（砖砌）6×1.7×1.5直线井（砖砌）								
	J7	平地		3×1.7×1.5直线井（砖砌）	6+2孔			20		120	40	
	J8	平地		3×1.7×1.5直线井（砖砌）								
	J9	平地		3×1.7×1.5直线井（砖砌）	6+2孔			25		150	50	
	J10	平地		3×1.7×1.5直线井（砖砌）		6+2孔			220			
	J11	平地		3×1.7×1.5直线井（砖砌）	6+2孔		20					120
2	1#电缆分支箱											
	2#电缆分支箱											
3	110kV××变××50#杆											
	合计						20	45	220	270	90	120

明细表

材型号		电缆敷设		电缆终端型号					设备		备注
电缆保护管 MPP-DS200	电缆保护管 MPP-DS100	电缆型号	长度（m）	户内终端 冷缩 3×300	户内终端 冷缩 3×150	户外终端 冷缩 3×150	户外终端 冷缩 3×300	中间接头 3×300	电缆分支箱（二路）	环网箱（2进4出）	备注
			50	1							
		ZC YJV22-18/20-3×300	50								
			50								
			50								
1320	440		50								
			50								破路及恢复 15×6×0.2
		拆装 YJV22-18/20-3×300 电缆40m	50	1							
		ZC YJV22-18/20-3×300	80	1							
							1				
1320	440		330	3				1			

3. 支持性文件

支持性文件应包含工程设计委托书及视工程具体情况落实必要的站址及路径协议。

【内容小结】

本章主要对中低压配电网网架、设备、造价等基础知识进行介绍，同时根据文件要求对配电网可研初设一体化编制内容及深度进行了阐述，帮助读者对配电网可研初设一体化编制有更深入的了解。

【测试巩固】

1. 中压配电网电缆网目标网架结构主要有哪几种？

2. 配电架空线路相关附图应包含哪些图纸？

第三章　可研初设一体化编制实操

◎【章节目标】

本章旨在对可研初设一体化编制模板进行逐章说明，使读者能够掌握编制技巧。

📓【知识指南】

知识一　可行性编制实操

一、工程命名及分类

1. 项目颗粒度

10（20）kV 项目立项应细化至配电线路，同一线路上所有 10（20）kV 设备建设改造以该线路为最小单元提出，同杆架设的架空线工程可作为一个项目单元。

10（20）kV 配电变压器、0.4kV 线路设备项目立项应以网格为最小单元提出。

鉴于配电网可研初设一体化中线路部分及纯配电类项目建设必要性和技术方案相差较大，将可研初设一体化文本分为线路部分和配电部分两套模板，设计人员可根据实际需求进行套用。

【注意】对于资金量较小的项目，可以做打捆项目，但是应该在打捆项目中做子项，将各子项工程量进行区分，概算单列。

2. 项目命名

国家电网有限公司对配电网规划项目命名有统一要求，分别从网架优化、电源接入、用户接入、一般改造四方面对项目命名进行了规范，不符合要求的项目命名无法列入网上电网规划库。项目命名建议见表 3-1。

表 3-1 项目命名建议表

功能菜单	项目分类			标准化项目名称组合规则	
	一级功能分类	二级功能分类	三级功能分类	名称后缀	工程名称
中压配电网规划	网架优化	变电站配套送出	—	配套送出工程	项目所在地+厂站名称+电压等级+名称后缀
		网架标准化改造	—	网架优化加强工程	项目所在地+电压等级+线路名称+名称后缀
		防灾抗灾能力提升	—	防灾抗灾能力提升工程	项目所在地+补充描述+电压等级+线路名称+名称后缀
		土地及市政配套	土地开发配套新建骨干网架	新建工程	项目所在地+补充描述+电压等级+线路名称+名称后缀
			土地开发配套架空线路迁改	架空线路迁改工程	项目所在地+补充描述+电压等级+线路名称+名称后缀
			独立电力管沟土建	电力管沟工程	项目所在地+具体地点+名称后缀
		10kV 间隔扩建	—	间隔扩建工程	项目所在地+站点名称+电压等级+名称后缀
	电源接入	分布式光伏接入	—	电源接入工程	项目所在地+电压等级+电源名称+名称后缀
		分散式风电接入	—	电源接入工程	项目所在地+电压等级+电源名称+名称后缀
		小水电接入	—	电源接入工程	项目所在地+电压等级+电源名称+名称后缀
		储能接入	—	储能接入工程	项目所在地+电压等级+电源名称+名称后缀
		其他接入	—	电源接入工程	项目所在地+电压等级+电源名称+名称后缀
		中压电源接入配套项目包		自行维护	

功能菜单	项目分类			标准化项目名称组合规则	
功能菜单	一级功能分类	二级功能分类	三级功能分类	名称后缀	工程名称
中压配电网规划	电源接入	低压电源接入配套项目包	—		自行维护
中压配电网规划	用户接入	一产用户接入	—	业扩配套工程	项目所在地+电压等级+用户名称+名称后缀
中压配电网规划	用户接入	二产用户接入	—	业扩配套工程	项目所在地+电压等级+用户名称+名称后缀
中压配电网规划	用户接入	三产用户接入	—	业扩配套工程	项目所在地+电压等级+用户名称+名称后缀
中压配电网规划	用户接入	居民用户接入	—	业扩配套工程	项目所在地+电压等级+用户名称+名称后缀
中压配电网规划	用户接入	中压用户接入配套项目包			用户自行维护
中压配电网规划	用户接入	低压用户接入配套项目包	—		用户自行维护
中压配电网规划	一般改造	台区低压改造	台区电压越限治理	电压越限治理工程	项目所在地+电压等级+线路名称+名称后缀
中压配电网规划	一般改造	台区低压改造	台区频繁停电治理	频繁停电治理工程	项目所在地+电压等级+线路名称+名称后缀
中压配电网规划	一般改造	台区低压改造	台区重过载治理	重过载治理工程	项目所在地+电压等级+线路名称+名称后缀
中压配电网规划	一般改造	小区供电改造	老旧小区供电改造	老旧小区供电改造工程	项目所在地+电压等级+线路名称+名称后缀
中压配电网规划	一般改造	小区供电改造	高层小区双电源改造	高层小区双电源改造工程	项目所在地+电压等级+线路名称+名称后缀
中压配电网规划	一般改造	小区供电改造	"三供一业"供电改造	"三供一业"改造工程	项目所在地+电压等级+线路名称+名称后缀
中压配电网规划	一般改造	小区供电改造	城中村供电改造	城中村改造工程	项目所在地+电压等级+线路名称+名称后缀

功能菜单	项目分类			标准化项目名称组合规则	
	一级功能分类	二级功能分类	三级功能分类	名称后缀	工程名称
中压配电网规划	一般改造	农村生产生活供电改造	煤改电改造	煤改电改造工程	项目所在地 + 电压等级 + 线路名称 + 名称后缀
			机井通电改造	机井通电改造工程	项目所在地 + 电压等级 + 线路名称 + 名称后缀
		配电自动化改造	柱上开关配电自动化改造	配电自动化改造工程	项目所在地 + 电压等级 + 设备名称 + 名称后缀
			环网柜配电自动化改造		
			配电室配电自动化改造		
			开关站配电自动化改造		
		安全应急	—		自行维护

国家电网有限公司对配电网子项目命名也有颗粒度要求，可研初设一体化项目命名要兼立项颗粒度要求。

【注意】项目命名按照规则编写，应特别注意项目名称要与建议命名一致，并注意立项颗粒度，配电网子项目不得出现"等"字样。

3. 项目编校审批

可研初设一体化文本编制、校核、审核、批准作为可研评审的前置条件，在编制完成后，需由设计人员和建设管理单位相关人员内审无误后手签确认方生效，方可开展项目评审。

二、设计依据及原则

1. 设计依据

设计依据章节应针对该项目相关政府和上级有关部门批准、核准的工程文件，上级相关部门的评审文件，工程设计有关的规程、规范及国家电网有限公司配电网典型设计按需选定。

【注意】项目涉及的依据不能有遗漏，未涉及的依据不能留，同时设计依据应根据项目可研初设一体化编制时的依据实际滚动修编状态进行更新。

2. 设计原则

根据按照国家电网有限公司配电网标准化建设"六化""六统一"要求编写。"六化"即集团化运作、集约化发展、标准化建设、精益化管理、数字化建设、国际化发展；"六统一"即统一技术标准、统一设计方案、统一设备选型、统一施工工艺、统一工程造价、统一运检管理。总体坚持安全可靠、坚固耐用、自主创新、先进适用、标准统一、覆盖面广、提高效率、注重环保、节约资源、降低造价，做到统一性与适应性、先进性、经济性和灵活性的协调统一。

三、工程概况说明

1. 地理位置和区域划分

对项目所在地的地理位置（附地理图）行政区划、区域面积、区位关系、交通条件等进行详细描述，以获取该项目建设所在地的区位优势和人口、经济发展速度等参数，便于对项目远景负荷密度、负荷增速等必要性进行综合判断。

供电分区是开展高压配电网规划的基本单位，主要用于高压配电网变电站布点和目标网架构建。

供电网格是开展中压配电网目标网架规划的基本单位。在供电网格中，按照各级协调、全局最优的原则，统筹上级电源出线间隔及网格内廊道资源，确定中压配电网网架结构。

供电区域划分是配电网差异化规划的重要基础，用于确定区域内配电网规划建设标准，主要依据饱和负荷密度，也可参考行政级别、经济发达程度、城市功能定位、用户重要程度、用电水平、GDP 等因素确定。

区域地理图对应县域，配电分区图对应供电所，网格示意图对应到其中的一个网格。

这部分内容确定后，配电网建设标准也将确定，为后续建设标准打好基调。本书要对区域地理图、配电分区划分图、网格示意图进行详细描述，同时详细论述项目所在地的气候条件、地形地质等内容，为项目可行性及后续设计选型提供参考。

2. 区域电网概况

应主要包含以下内容：

（1）项目所在地的用电网格上级电源现状及规划情况，包括直供 10（20）kV 的 220、110、35kV 变电站的数量、变电规模、网架结构、容载比及设备运行情况等；

（2）项目所在地用电网格主要指标，包括供电面积、供电负荷、售电量、线损率、供电可靠率及电压合格率等；

（3）项目所在地用电网格 10（20）kV 现状情况，包括线路数量、配电变压器规模、网架结构、联络和分段情况、设备型号和线路截面、设备运行情况等，编写现状电网基本信息；

（4）项目所在地的用电网格各个地块的大用户及负荷情况、近期报装情况；

（5）项目所在地用电网格现状及近期的配电自动化、储能等智能化和新技术应用情况。

因供电网格是开展中压配电网目标网架规划的基本单位，为形成有效清晰的供电单元，也为了从整体视角解决网格内所有问题，文本中要求填写以下五类表格（为便于从整体视角考虑网格问题，并区分轻重缓急，一条线路改造也要列明整个网格的信息数据）。

表一：变电站网格内配网供电电源现状

梳理向该网格供电的所有变电站的容量情况、间隔情况、最大负载率情况。并注意已储备或在建未投项目对间隔数量的影响。例表见表 3-2。

表 3-2 网格内配网供电电源现状（示例）

变电站		容量（MVA）	10kV 已出间隔数（个）	网格内 10kV 出线间隔总数（个）	变电站年最大负荷（MW）	变电站平均负载率（%）
××变	1#					
	2#					

表二：配电网运行情况

应列举网格内所有相关线路设备、开关设备、配电变压器设备相关情况，与表一网格信息情况中的间隔数相对应，如有出入即有错误。例表见表 3-3。

表 3-3 网格内 10kV 配电网运行情况（示例）

分类			数量
线路设备	公用线路回数（回）		
	专用线路回数（回）		
	中压线路长度	架空线路（km）	
		电缆线路（km）	
开关设备	环网室（座）		
	环网箱（座）		
配电变压器设备	配电变压器	台数（台）	
		容量（MVA）	
	公变	台数（台）	
		容量（MVA）	
	专变	台数（台）	
		容量（MVA）	

表三：网格内 10kV 配网线路现状

其中主干线截面/型号应与调控限额相对应，最大负荷应为正常运行方式下的负荷情况，避免情况失真。例表见表 3-4。

47

表 3-4 网格内 10kV 配网线路现状（示例）

变电站	网格内 10kV 出线间隔总数（个）	线路名称	主干线截面/型号	调控限流（A）	最大负荷（MW）	平均负荷（MW）
××变		××1线				
		××2线				
		××3线				
		××4线				
		××5线（用户专线）				
		××6线				
		××7线				
		××8线				

表四：网格内 10kV 现状电网发展规模

应梳理网格内电网结构、供电水平、装备水平等情况及存在的问题，数量应与前三类表中的数据对应。例表见表 3-5。

表 3-5 网格内 10kV 现状电网发展规模（示例）

评价指标			网格名称
基准层		指标名称	××网格
电网结构水平	1	10kV 线路条数	8
	2	10kV 线路联络率	100%
	2.1	10kV 线路主线联络率（%）	100
	2.2	10kV 线路"主-支、支-支"联络条数	8
	3	10kV 标准接线比例（%）	50
	3.1	10kV 电缆双环网接线比例（%）	0
	3.2	10kV 电缆双、单环网接线比例（%）	0

评价指标			网格名称
基准层		指标名称	××网格
电网结构水平	3.3	10kV架空单联络接线比例（%）	60
	3.4	10kV复杂联络（三联及以上）接线比例（%）	0
	4	10kV线路平均分段数	5
	5	10kV线路分段合理率（%）	61.33
	6	交叉线路条数	2
	7	重叠线路条数	1
	8	迂回线路条数	0
	9	柱上开关台数（智能/断路器/负荷开关）	30/25/0
	10	10kV线路大支线条数	3
电网供电水平	1	10kV线路 $N{-}1$ 通过率（%）	100
	2	重载线路条数（平均/最大负载）	2
	3	轻载线路条数（20%/三年以上）	0
	4	台区重载台数（80%以上）	0
电网装备水平	1	10kV线路超供电半径条数（km）	1
	2	10kV架空线路不符合国网典设主干线条数	0
	3	10kV电缆线路不符合国网典设主干线条数	0
	4	10kV架空线路"主线–支线–分支"未达到绝缘化率条数	0/2/3
	5	10kV电缆化率（%）	4
	6	配电线路自动化终端覆盖率（%）	30

表五：网格内10kV运行线路现状问题汇总

应梳理前四表中存在的问题，并与项目存在问题及建设目的相对应。后续章节中存在问题应均从这里出口，前后相对应。例表见表3–6。

表 3-6　网格内 10kV 运行线路现状问题汇总（示例）

所属单元	线路名称	是否存在问题	问题原因											备注：设备等其他情况等
			过载	重载	轻载	线路分段不合理	线路无联络	线路不满足$N-1$	供电超半径	线路装接配变容量>12MVA	含大分支线路	网格外供电	目前未装配自动化	
××网格	××1线	是									√		√	
	××2线	否											√	
	××3线	否											√	
	××4线	否								√			√	
	××5线（用户专线）	是		√									√	专线
	××6线	否											√	
	××7线	是							√	√	√		√	
	××8线	是							√		√		√	设备老旧投运21年

备注栏（样式）：网格外供电；交叉、重叠供电，分段容量不合理；含大分支线路；线路存在交叉跨越；目前未装配自动化；供电半径过长等。

【注意】在文本中应提供清晰的网格图，要能看清网格内及周边网格变电站布点情况、网格内 10kV 网架情况（含现状及远景接线）。

3. 工程项目简介

应对项目出处进行说明，对工程建设方案简要描述，包含线路、电缆廊道及动化建设情况等，并提供改造前后相关线路供电单元拓扑图、地理接线图、

PMS 单线图。

【注意】

（1）PMS 线路单线图应从系统下载，能清晰看到线路分段情况、联络情况、用户情况、自动化设备安装情况，便于分析线路存在问题，相关线路单线图均应放置在文本中。

（2）线路供电单元拓扑图、地理接线图中应将与改造线路有电气联络的线路全部罗列，应画出与 PMS 线路单线图一致的线路分段、联络、各分段用户数量、装机容量，同时标注相关线段线径。

（3）拓扑图中区分联络开关和分段开关，对于建设改造部分线路应用不同颜色标注，改造前和改造后线路不能无故增加或消失，线路位置应保持不变。地理接线图中应详细绘制线路、管道走向、标注杆塔高度、管道剖面图（已用管道、拟用管道）等信息。

（4）对于在现状配网线路基础上，有项目已储备或正在实施但未投运的，应在现状拓扑图基础上增加现有项目实施完成后拓扑图，保持项目建设延续性，便于分析项目必要性。

（5）对于过渡方案，应有远景拓扑图和地理图支持方案合理性。

四、建设必要性

1."网架、设备、运行"等方面内容

建设必要性应根据电网现状分析存在的问题，结合工程建设的主要目的，从"网架、设备、运行"等方面对工程影响的电网进行现状分析。主要包含以下四方面内容。

（1）工程相关的电网网架情况，包括：接线模式、供配电设备、设施配置的供电能力、最大允许电流，根据工程需要相应描述"网架、供电能力、转供能力、装备水平、无功补偿、线路迂回、联络率、环网率、N-1 通过率、绝缘化率、重载率、平均负载率、供电半径"等内容。

（2）工程相关的电网设备情况，包括：设备规模、健康水平等内容。

（3）工程相关的电网运行情况，包括：供电线路最大负荷、最大负载率、最大电流、安全电流等内容。

（4）对于自动化建设项目，应说明被改造线路自动化现状，根据供电区域类型说明该区域自动化建设标准及该线路自动化配置方案。

【注意】负荷年曲线图从调度 D5000 等系统中截取，作为线路平均负荷和最大负荷的依据。因一年最大负荷基本在 7—8 月，故如果可研编制日期在 8 月以后，可采用当年曲线；如果可研编制日期在 8 月以前，可采用上一年负荷曲线；如有线路割接或负荷特性不同寻常的线路，可采用两年负荷曲线图。文本中应附所有相关线路负荷曲线图，并比对相互关联线路日曲线、调度记录等数据取得正常运行方式下负荷数据。

2. 现状存在的主要问题

应结合工程建设目的，从网架、设备、运行等方面进行分析描述。从供电安全性、可靠性、经济性、供电质量等方面给出电网存在的主要内部问题进行分析，解决"卡脖子"、低电压、设备重（过）载、设备安全隐患、高损配电变压器、电源接入、清洁能源等问题。

存在的问题应包含协调地方规划建设、负荷发展情况的主要问题，结合工程建设目的，协调地方规划建设、用电负荷发展给出电网外部建设环境可能存在的主要问题。

同时根据立项原则，架空、电缆线路、变压器、环网柜、高低压开关柜等设备运行年限不足设计年限，不影响安全运行的，原则上不予整体更换。但经状态评价为严重状态且影响安全运行的设备，无法通过大修修复的，应安排改造。故增加三年内故障率分析，来判断线路健康状况，作为是否需要改造的依据。例表见表 3-7。

表 3-7　三年内故障事故（示例）

事件序号	县公司	责任部门	所属大馈线	停电范围	备注	停电起始时间	停电终止时间	时户数
××	××供电公司	××供电服务一班	10kV××1线	110kV××变：××1线××T1039开关后段	××1线因大风大雨导致线路短路，××T1039开关跳闸，此开关无重合闸	2022-06-24 20：26：00	2022-06-24 21：30：47	73.877

3. 改造前后负荷预测

采用空间负荷预测法、自然增长率法，结合用户报装情况给出工程改造前后的电网负荷结果，应预测三年以上。例表见表3-8。

表3-8　改造后负荷预测（示例）

序号	线路名称	2024年最大负荷（MW）	2024年最大负载率（%）	2025年最大负荷（MW）	2025年最大负载率（%）	2026年最大负荷（MW）	2026年最大负载率（%）	2027年最大负荷（MW）	2027年最大负载率（%）
1	××线								
2	××线								
3	××线								

4. 必要性总结

必要性总结应综上所述，总结论述工程建设的必要性，说明项目建设改造后的成效。

5. 参考依据

项目存在问题和必要性总结主要参考依据为《配电网规划设计技术导则》（Q/GDW 10738—2020）和国家电网有限公司设备配电〔2019〕55号文《国网设备部关于印发10kV及以下配电网建设改造项目需求管理提升工作方案的通知》中的"配电网建设改造立项技术原则"，具体依据根据实际情况调整。

（1）按项目建设目的分类。项目按建设目的主要分为优化网架结构、改善供电质量、提高装备标准、提升智能水平、深化新技术应用等内容[6]。

1）优化网架结构主要是对结构复杂、分段不合理、联络不合理、供电区域交叉、超供电半径、迂回供电、廊道不足、大分支线等问题提出建设改造项目需求。包括变电站10kV新出线路，联络、分段新建及改造，为满足 $N-1$ 而进行的主干线及重要分支线的改造，为解决复杂联络或供电区域交叉而进行的线路切改等。

2）改善供电质量主要是对低电压、三相不平衡、谐波超标、线路及台区重过载等问题提出建设改造项目需求。包括线路扩径、新建或延伸，配电变压器增容布点，低压三相改造，低压供电范围优化，低压负荷优化分配，无功补偿装置改造等。

3）提高装备标准主要是对高损耗配电变压器，淘汰型号、家族性缺陷产品，受外部破坏严重，运行环境恶劣，经状态评价后需改造的设备设施及按照标准化建设改造标准等提出建设改造项目需求。包括高损配电变压器改造、老旧线路及设备升级改造，防雷抗灾改造，绝缘化改造等。

4）提升智能水平主要是对配电网自动化终端（DTU、FTU、TTU、故障指示器等）及相关配电设备，通信网络，满足分布式电源、电动汽车充换电设施接入等提出建设改造项目需求。包括配电终端建设改造、通信网络建设改造、满足多元化负荷接入所需的配套项目等。

5）深化新技术应用主要对"大云物移智"相关新技术、标准化定制设备应用提出项目需求。包括智能配电变压器终端、复合材料横担、环保型金属封闭开关设备、一体化柱上变台、一二次成套化配电设备 10kV 电缆超低频介质损耗检测等新技术、新设备应用等。

（2）按项目重要程度分类。项目按重要程度主要分为重大项目、重要项目和一般项目。

1）重大项目主要包含以下内容：

a. 解决 10kV 配电线路（最大负载率 70% 及以上）、配电变压器（最大负载率 80% 及以上）等设备重过载而实施的项目；

b. 满足园区、业扩等新增供电需求而配套实施的配电网新建或改造且不实施将造成接入困难的项目；

c. 经状态评价后认定可能危及人身安全、主干线路正常运行、重要用户正常用电的设备改造项目；

d. 实施 A+、A 类供电区域主干分段优化、枢纽开关设备加强、转供能力提高等目标网架优化项目；

e. 纳入配电自动化建设规划区域，主干网架具备自动化条件且列入重点开展配电自动化终端及通信网络建设改造的项目；

f. 其他需要安排的重大项目或上级部门要求实施的项目。

2）重要项目主要包含以下内容：

a. 解决现有 10kV 配电线路（最大负载率 60%～70%）、配电变压器（最大负载率 70%～80%）等设备负载率较高、不及时解决引起设备重过载的项目；

b. 经状态评价后认定可能危及多条分支线路正常运行的设备改造项目；

c. 实施 B、C、D 类供电区域主干分段优化、枢纽开关设备加强、转供能力提高等目标网架优化项目；

d. 解决可能造成用户低电压、故障率较高或影响用户用电改造项目；

e. 超期服役、存在重要或家族性缺陷、运行状况恶劣的设备改造项目；

f. 纳入配电自动化建设规划区域，主干网架具备自动化条件但未列入重点开展配电自动化终端及通信网络建设改造的项目；

g. 其他需要安排的重要项目。

除重大项目、重要项目之外需要安排的其他项目定义为一般项目。

6. 方案论证

方案论证作为项目实施可行性和经济性的重要章节，对涉及改造、接入的线路进行选择，或有多通道和架空、电缆线路可选择时，应从项目实施可行性及经济性进行重点论证比较，一般按照两个方案进行论证比对。

（1）电缆方案。

当路径选择电缆方案时，一般需要做方案论证。

1）电缆和土建一般按照以下原则进行工作：

a. 做好电网发展规划和电力设施布局规划落地工作，积极参与地方规划编制，在规划编制过程中力争地方政府将电缆管道纳入当地市政建设，统一规划、一步到位建设，避免重复投资。

b. 跨江、河、海湾、海峡的桥梁建设前，根据电网发展规划力争随桥预留电缆管沟，在城市城镇区域结合道路、桥梁建设与改造同步建设沿线、横穿电缆管沟，费用纳入本体工程。

c. 电缆使用应与当地经济发展水平、市政建设需求、市政管道建设情况相适应，电缆线路原则上控制在已有电缆管道的城市区域、城镇中心地带及走廊狭窄架空线路难以通过或景观上有较高需求的地方。

d. 涉及现有线路的上改下或者迁改工程，坚持"谁主张，谁出资"原则，由提出方落实电缆工程电气、土建费用，并认真落实相关配套补偿政策。

2）10（20）kV 电缆使用的范围一般如下：

a. B 类及以上区域或 C 类区域中的城镇核心区，新建线路架空廊道选取困难或架空方案投资超过电缆方案时，可采用电缆。

b. 变电站 10（20）kV 出线廊道资源有限时，出口段不超过 1km 范围内可采取电缆。

c. 穿越铁路、高速公路，道路管理部门规定不允许，无法建设架空线路、需要采用电缆穿越时，可采用电缆。

d. 交叉高压架空线路或河道时，空间上、技术上架空线路困难或投资超电缆方案时，可采用电缆。

e. 在省级及以上工业园区、风景名胜区、历史文化保护区等区域，地方政府有景观需求情况下，可采用电缆。

f. 在省委省政府统一开展的如小城镇环境综合整治等专项行动中，镇区主干道等有关文件明确的区域，可采用电缆。

g. 在已建综合管廊区域，可采用电缆入廊敷设。

3）公司土建出资范围：原则上电缆线路应利用已有管沟或由地方政府出资建设电缆管沟。对于"电缆使用范围"b. 条线路路径不超过 1km 以及 c.~d. 条的情况，公司除了电气部分投资外，还可以出资建设电缆管沟。

（2）钢管杆、自立塔方案。

项目中如出现使用钢管杆较多或者采用自立塔方案，应对该方案进行详细论证，描述采用该设计的必要性和可行性，与其余方案在安全性、可靠性等方面进行比较。

（3）迁回方案。

若设计中采用线路迁回的方式进行供电，应对该方案进行详细说明，说明是直线通道受阻原因，或是为了接入附近负荷，亦或是此方案为过渡方案，随着电网建设，逐步演化至远景方案后将不再迁回。

7. 实施年限

实施年限按照项目储备具体实施时间填写，一般周期为 1 年，且实施时间应考虑项目储备时间。

对于储备两年以上未实施的项目，由于现场情况变动、政府规划调整、物资价格波动等情况，原可研初设一体化储备一般已不再适宜现状，建议取消，重新编制可研初设一体化报告并再次履行评审批复手续。

8. 工程投资与规模

（1）投资估算、概算。

投资估算、概算应严格按照估算书（概算书）上的金额填写，单位为万元，根据习惯，一般估算填写整数，概算保留两位小数。

（2）工程规模。

工程规模包含主要工程量、主要技术参数、设备主材、典型设计应用四部分。

1）主要工程量应填写线路部分、电缆部分主要路径长度和导线、电缆型号、杆塔类型、数量，设备及基础部分型号数量等内容。路径长度单位应为千米，不计损耗部分。

2）主要技术参数表应根据主要工程量对线路、设备型号长度及杆塔、基础、电缆敷设方式等形式进行说明。

3）设备主材表是主要工程量的细化，主要对主材、设备进行详细描述，主要填写物料编码、物料名称、型号规格、固化 ID、单位、数量、单价、合价等信息。设备类必须全部包含，在国家电网有限公司 2021 年度总部集中采购目录清单中有的材料应全部包含，且应甲供。

【注意】

1）设备主材的物料和固化 ID 的选用参照国家电网有限公司和省公司下发的最新标准物料库进行选择。单位填写千米，单价、合价按照万元填写，不能随意增加省公司标准物料库里没有的物料。

2）典型设计应用章节应详细描述项目所涉及工程套用的典设模块（章节），按需填写，未涉及部分不应描述。

3）配电网设计涉及的典型设计，10kV部分应主要参考《国家电网有限公司配电网工程典型设计（2024版）》，包含架空线路（含配电变台内容）、配电站房分册两部分。山区有铁塔需求部分可参考《国家电网有限公司输变电工程典型设计》35kV铁塔型录。防雷部分可参考差异化典设，如《国网浙江省电力有限公司配电网工程差异化典型设计：10kV架空地线分册》，沿海及山区冻雨区域可选择《国家电网有限公司配电网工程典型设计（10kV及以下配电网防灾抗灾分册）》。

4）低压部分典型设计应采用《国家电网公司380/220V配电网工程典型设计》（2018版）。

5）部分存在20kV线路部分可参考地方通用设计，如《浙江省电力公司标准化设计汇编配网工程通用设计20kV架空配电线路分册》。

知识二　设计方案编制实操

可研初设一体化的设计技术方案部分主要涵盖工程方案、架空线路部分、电缆部分、站房部分、配网自动化、停电（不停电）施工方案、拆旧物资处理等内容。

一、选线选址

（一）架空线路选线

架空路径方案选用应满足与铁路、高速公路、机场、雷达、电台、军事设施、油气管道、油库、民用爆破器材仓库、采石场、烟花爆竹工厂等各类障碍物之间的安全距离要求或相关协议要求。对铁路、高速公路等重要的跨越（或穿越）应进行安全性评估。

架空部分路径方案应详细描述各路径方案，包括线路走向、重要节点杆号、地形、地质、水文、交通运输条件、主要河流、铁路、地铁、二级以上公路、城镇规划、林区、其他重要设施及重要交叉跨越等。

各路径方案应做技术经济比较和论证结果（多方案时比较）。路径推荐方案简要说明包括行政区、地形比例、林区长度及重要交叉跨越等。

报告中应说明沿线主要单位协议情况。

（二）电缆线路选线

（1）电缆部分路径方案选线应满足如下原则：

1）与城市总体规划相结合，与各种市政管线和其他市政设施统一安排，且应征得城市规划部门认可。

2）避免电缆遭受机械性外力、过热、腐蚀等危害。

3）满足安全要求条件下，使电缆长度较短。

4）便于敷设和维护。

5）宜避开将要挖掘施工的地方。

6）供敷设电缆用的土建设施宜按照电网远景规划并预留适当裕度一次建成。

（2）电缆部分路径方案应按以下格式描述：

1）路径方案应详细描写路径，不能简单地写沿道路架设。

2）说明变电站、开关站的电缆进出线位置、方向，新建电缆通道与已有、拟建电缆通道相互关系等。

3）各路径方案沿线地形、地质、水文、主要河流、铁路、地铁、二级以上公路、园林、城镇规划、环境特点、特殊障碍物等。

4）沿线协议情况。

5）各方案技术经济比较与论证结果（多方案时比较）。

（三）配电站房站址选择

配电站房站址应根据当地气象条件，应考虑满足抗震、防火、通风、防洪、防潮、防尘、防毒、防小动物和低噪声等各项要求，并应满足电气专业的各项技术要求。建筑设计应符合安全、经济、适用、美观并与小区整体环境相协调的原则。

二、设计边界条件

（一）架空部分气象条件

架空部分气象条件参照《国家电网公司配网工程典型设计 10kV 架空线路

分册》选择线路路径段的设计气象条件。典型设计在广泛调研的基础上有 A、B、C 三种气象区，各气象区的具体情况见表 3-9。

表 3-9　10kV 架空配电线路典型设计用气象区

气象区		A	B	C
大气温度（℃）	最高	+40		
	最低	−10	20	40
	覆冰	−5		
	最大风	+10	−5	−5
	安装	−5	−10	−15
	外过电压	+15		
	内过电压、年平均气温	+20	+10	−5
风速（m/s）	最大风	35	25	30
	覆冰	10		
	安装	10		
	外过电压	15	10	10
	内过电压	17.5	15	15
覆冰厚度（mm）		5	10	10
冰的密度（kg/m³）		0.9×10^3		

注　对于超出上表范围的局部气象情况，设计时需对特定气象条件进行相关的计算，并对典设各相关内容进行校核、调整后方可使用。

对于超出典型设计气象区范围的局部气象情况，如重覆冰、台风区等冰灾、风灾较为严重的区域，设计时应选用《国家电网公司配电网工程典型设计（10kV 架空线路抗台抗冰分册）》中的 D1、D2、D3、D4、D5、E1、E2、E3 八种气象区，其中 D1 ~ D5 为台风、强风气象区；E1、E2 为中覆冰气象区；E3 为重覆冰气象区。

对于超出上述气象条件的区域，首先应核实线路路径的必要性、合理性，如确实合理，需对气象条件进行相关的计算，并对各相关内容进行校核、调整后方可使用。

（二）电缆部分环境条件

根据工程具体情况，电缆部分按规范要求说明电缆线路路径所经地区最高气温、最低气温、年平均气温雷暴日数和土壤冻结深度、基本风速、日照及覆冰厚度、土壤热阻系数等数据。

（三）地形、地质划分

工程地形一般可分为平地、丘陵、山地、泥沼、河网、沙漠、高山 7 大类，地质勘查中土石质划分原则执行《岩土工程勘察规范（2009 年版）》《工程岩体分级标准》，文本中可按定额土石质划分方法，对土石质占比进行描述。土壤分为Ⅰ、Ⅱ、Ⅲ、Ⅳ类土，岩石分为极软岩、软岩、较软岩、较坚硬岩、坚硬岩，填写时根据现场实际认真填写。

根据国家能源局发布的《20kV 及以下配电网工程预算定额（2022 版）第三册 架空线路工程》，平地指地形比较平坦广阔，地面比较干燥的地带；丘陵指陆地上起伏和缓、连绵不断的矮岗、土丘，水平距离 1km 以内，地形起伏在 50m 以下的地带；山地指一般山岭或沟谷等，水平距离 250m 以内，地形起伏在 50～150m 的地带；泥沼指经常积水的田地及泥水淤积的地带；河网指河流频繁，河道纵横交叉，影响正常陆上交通的地带；沙漠指地面完全被沙所覆盖，植物非常稀少，雨水稀少、空气干燥，在风的作用下地表会变化和移动，昼夜温差大的荒芜地区。

在填写时应注意地形和地质划分总数为 100%，不应少于或多于 100%。

（四）运输部分

概预算编制时应根据预算价、市场价、信息价、甲供物资合同价等不同价格内涵，通过与预算计算规定中关于运杂费、卸车保管费、配送费、工地运输的定义及计算方式相配套来进行材料费、设备费及定额费用的计算。文本中应根据实际进行计算边界条件的描述，如设备、材料为车板交货、集中供货的应描述配送距离、工地运输距离；如车板交货、供货到现场的应描述工地运输；如厂方仓库供货的应描述运输距离、配送距离、工地运输距离等。

（五）交叉跨越

交叉跨越应在杆塔明细表中逐档描述不同被跨越对象的数量、种类、是否带电等，并在文本中进行分类汇总。

三、技术选型

（一）架空部分技术方案

架空线路技术选型部分主要包含导线选型和使用，杆型选取和使用，金具、绝缘子选用，设备选用，防雷、接地选用和杆塔基础选用等六大部分。

1. 导线选型和使用

导线截面依据《配电网规划设计技术导则》中主变压器（简称主变）容量与 10kV 出线间隔及线路导线截面配合推荐表，并根据国家电网有限公司标准物料及相关省公司精简目录选取，见表 3-10。

表 3-10　主变容量与 10kV 出线间隔及线路导线截面配合推荐表

110~35kV 主变容量（MVA）	10kV 出线间隔数	10kV 主干线截面（mm²）		10kV 分支线截面（mm²）	
		架空	电缆	架空	电缆
63	12 及以上	240、185	400、300	150、120	240、185
50、40	8~14	240、185、150	400、300、240	150、120、95	240、185、150
31.5	8~12	185、150	300、240	120、95	185、150
20	6~8	150、120	240、185	95、70	150、120
12.5、10、6.3	4~8	150、120、95	—	95、70、50	—
3.15、2	4~8	95、70	—	50	—

导线型号应根据系统要求的输送容量及导线截面，按线路所在地区的环境（城镇人口密集、污秽等级、山区高差档距、出线走廊拥挤、树线矛盾突出等）选择典设规定的导（地）线型号（绝缘铝绞线、铝绞线、钢芯铝绞线或防腐导线）。

导线应明确技术参数和导（地）线安全系数，并对导线弧垂表进行选定。

2. 杆型选取和使用

杆型选取和使用主要包含杆型选择、杆头选择、电杆选择、拉线选择、钢管杆选择、窄基塔选择、宽基塔选择、耐张及分支杆引线选择、铁件材料及加工等方面内容。

【注意】1）杆塔型式选择应描述建设改造选用杆型，明确何处选择非预应力电杆，门型杆、钢管杆、铁塔等特殊杆塔应提出选型原则及应用地点明细。

说明杆塔构件的材质和截面类型，铁件材料及加工情况。

说明杆塔防腐措施、登塔设施；螺栓的防卸、防松措施。

提出全线杆塔汇总表，包括各种杆塔使用条件、呼称高及材料用量。

参照《国家电网有限公司配电网工程典型设计（2024 版） 10kV 架空线路分册》第 4 章第 4 节选择杆塔型式，根据第 6 章 6.1 节、第八章 8.1 节、第九章 9.1 节等选择杆型。

2）杆头选择主要为导线排列方式选取，根据实际应用情况从《国家电网有限公司配电网工程典型设计（2024 版） 10kV 架空线路分册》中选取导线排列方式（水平、三角、双水平等）。参考第 6 章 6.1 节设计说明选取杆头，并从第 6 章 6.2 节"10kV 铁质横担杆头布置设计图清单"选择杆头布置图。并提出全线杆头汇总表。

3）电杆选择根据《国家电网有限公司配电网工程典型设计（2024 版） 10kV 架空线路分册》第 4 章 4.3 节规定的杆高进行选择，根据第 10 章 10.1 节选择电杆强度等级（表 10–5 ~ 表 10–10）。

4）拉线主要根据所选杆型图选择拉线型式，根据《国家电网有限公司配电网工程典型设计（2024 版） 10kV 架空线路分册》第 10 章 10.1 节给出拉线参数表，并汇总出本工程选用的拉线汇总表。

5）钢管杆选择分为直线钢管杆及耐张钢管杆，直线钢管杆根据《国家电网有限公司配电网工程典型设计（2024 版） 10kV 架空线路分册》第 12 章 12.1 节选择，耐张钢管杆根据第 13 章 13.1 节选择。

钢管杆适用于 JKLYJ–10/240 型及以下绝缘导线、JL/G1A–240/30 型及以下钢芯铝绞线、JL–240 型及以下铝绞线。

钢管杆参照钢管杆杆型分类表选取，应根据实际需求适量选定，所选杆型也应符合实际需求，不能随意放大。

6）窄基塔主要适用范围为城市绿化带及杆塔运输不便的山区、丘陵等地区。具体选型参照《国家电网有限公司配电网工程典型设计（2024 版） 10kV 架空线路分册》第 14 章 14.1 节。

7）在有档距较大需求的山区，可根据效益适量建设宽基塔，参考《国家电网公司输变电工程典型设计》采用35kV角钢塔设计，应特别注意风速、覆冰对杆塔设计的影响。

8）耐张及分支杆引线根据《国家电网有限公司配电网工程典型设计（2024版）10kV架空线路分册》第21章21.1节选择。

9）铁附件加工要求参照《国家电网有限公司配电网工程典型设计（2024版）10kV配电变台分册》第6章铁附件加工的规定选用及加工。

3. 金具、绝缘子选用

绝缘子选择前参照电力系统污区分级与外绝缘选择标准确定污秽等级，结合中性点运行方式确定线路的绝缘水平。参照《国家电网有限公司配电网工程典型设计（2024版） 10kV架空线路分册》第16章16.1节对绝缘子进行选择。

金具选择时应提出运行、断线和最大荷载工况下绝缘子和金具的安全系数；说明线夹、接续、防振等金具的型式及型号。参照《国家电网有限公司配电网工程典型设计（2024版） 10kV架空线路分册》第16章16.1节对金具进行选择。

4. 架空线路设备选用

柱上变压器选取《国家电网有限公司配电网工程典型设计（2024版） 10kV架空线路分册》第19章10kV柱上变压器台及无功补偿装置ZA-11-13方案设计，双杆变杆高均采用12（15）m水泥杆，采用正装、绝缘线引下方式。

柱上三相变压器台容量选择不超过400kVA，根据国家电网有限公司和省公司标准物料选取，并选用S20及以上高效能变压器。

低压综合配电箱外形尺寸按照1350mm×700mm×1200mm设计，空间满足400kVA及以下容量配电变压器的1回进线、3回馈线、计量、无功补偿、配电智能终端等功能模块安装要求。配电智能终端需满足线损统计需求，实现双向有功、功率计算功能。箱体外壳优先选用不锈钢材料。

低压综合配电箱采用适度以大代小原则配置，200～400kVA变压器按400kVA容量配置，无功补偿不配置或按120kvar配置，配置方式为共补3×10+3×20kvar，分补10+20kvar；实现无功需量自动投切，按需配置配电智能终端，出线开关选用断路器，并按需配置带通信接口的配电智能终端和T1级电涌保护器。TT 系统的剩余电流动作保护器应根据《农村低压电网剩余电流工作保护器配置导则》（Q/GDW 11020—2013）要求进行安装，不锈钢综合配电箱外壳单独接地。

具体参考《国家电网有限公司配电网工程典型设计（2024 版）10kV 架空线路分册》第 19 章和《国家电网公司 380/220V 配电网工程典型设计》第 11 章选取。

柱上开关安装位置参照《配电网规划设计技术导则》和相关配电网自动化实施原则确定。

柱上开关安装方式参照《国家电网有限公司配电网工程典型设计（2024 版）10kV 架空线路分册》第 18 章 10kV 柱上设备选定。

5. 架空线路防雷接地选用

10kV 架空线路防雷与接地方式选择原则上应符合《66kV 及以下架空电力线路设计规范》（GB 50061—2010）、《交流电气装置的接地设计规范》（GB/T 50065—2011）、《10kV 及以下架空配电线路设计技术规程》（DL/T 5220—2005）和《配电网技术导则》（Q/GDW 10370—2016）等相关规定和要求。

部分区域有差异化典型设计的，如国网浙江省电力有限公司区域内架空防雷部分根据浙电设备字〔2022〕8 号《国网浙江电力有限公司 10kV 架空线路防雷指导意见》执行，安装方式可参考《国网浙江省电力有限公司配电网工程差异化典型设计：10kV 架空地线分册》。

接地选用应使接地电阻达到相关标准。

各地可根据本地区 10kV 架空线路防雷与接地相关研究成果结合长期实际运行经验确定适合的防雷与接地措施。

6. 杆塔基础选用

杆塔基础应根据工程实际情况说明选用典型设计模块，说明沿线的地形、地质和水文情况、土壤冻结深度、地震烈度、施工、运输条件，对软弱地基、膨胀土、湿陷性黄土等特殊地质条件作详细的描述。

综合地形、地质、水文条件以及基础作用力，因地制宜选择适当的基础类型，优先选用原状土基础。说明各种基础型式的特点、适用地区及适用杆塔的情况。对基础尺寸应进行优化。

线路通过软弱地基、湿陷性黄土、腐蚀性土、活动沙丘、流砂、冻土、膨胀土、滑坡、采空区、地震烈度高的地区、局部冲刷和滞洪区等特殊地段时，应说明采取的措施。

报告中应说明基础材料的种类和强度等级。

如需设置护坡、挡土墙和排水沟等辅助设施时，应论述设置方案和对环境的影响。

直线杆基础参照《国家电网有限公司配电网工程典型设计（2024版）10kV架空线路分册》第8章8.2节选用。

转角杆基础参照《国家电网有限公司配电网工程典型设计（2024版）10kV架空线路分册》第9章9.2节、第10章10.2节选用。

钢管杆基础参照《国家电网有限公司配电网工程典型设计（2024版）10kV架空线路分册》第12章12.2节、第13章13.2节选用。

角钢塔基础参照《国家电网有限公司配电网工程典型设计（2024版）10kV架空线路分册》第14章14.1.5节选用。

设计时应根据各钢管杆、角钢塔单线图及技术参数表中的基础作用力，校核基础受力能否满足需求。

（二）电缆部分选型

1. 电缆选择和使用

电缆选型应参照《国家电网公司配电网工程典型设计（2016版）10kV电缆分册》对电缆运行条件，电缆导体材料，电缆绝缘水平，电缆金属屏蔽、护套、外护套，电缆截面进行逐一选择，并符合国家电网有限公司及相关省公司标准物料要求。

如根据浙江省公司精简物料要求，现有10kV电缆主要分为400、300、150、70四种规格，设计时只能在这4种电缆中选择。

电缆分支箱（对接箱）、电缆终端头、电缆中间接头等电缆附件按照《国家电网公司配电网工程典型设计（2016版）10kV电缆分册》4.2.6节对绝缘水平、泄漏比距、装置类型进行选配。

电缆敷设应参照《国家电网公司配电网工程典型设计（2016版）10kV电

缆分册》第4章第2节电气部分的规定，对电缆转弯半径、能承受的拉力、电缆铭牌安装、电缆管道敷设顺序等进行详细描述，并说明封堵形式。

2. 电缆基础选择和使用

电缆管道和基础应根据电缆管道所在位置，参照《国家电网公司配电网工程典型设计（2016版）10kV电缆分册》第6章选择直埋敷设方案（A模块），第7章排管、非开挖拉管敷设方案（B模块），第8章电缆沟敷设方案（C模块），第10章电缆井敷设方案（E模块）进行选择。

电缆分支箱土建基础应满足水文气象条件和防火规范要求，站址标高高于50年一遇洪水水位和历史最高内涝水位。图纸参照2013版浙江省典型设计方案。

3. 电缆线路防雷接地

（1）电缆线路避雷器的主要特性参数应符合下列规定：

1）冲击放电电压应低于被保护电缆线路的绝缘水平，并留有一定裕度。

2）冲击电流通过避雷器时，两端子间的残压值应小于电缆线路的绝缘水平。

3）当雷电过电压侵袭电缆时，电缆上承受的电压为冲击放电电压和残压，两者之间数值较大者称为保护水平 U_p，$BIL=（120\%～130\%）U_p$。

4）10kV避雷器的持续运行电压，对于中性点不接地和经消弧线圈接地的接地系统，应分别不低于最大工作线电压的110%和100%；对于经小电阻接地的接地系统，应不低于最大工作线电压的80%。

5）一般采用无间隙复合外套金属氧化物避雷器。

（2）电缆的接地要求应符合以下规定：

1）电缆的金属屏蔽和铠装、电缆支架和电缆附件的支架必须可靠接地，接地电阻不大于10Ω。冻土地区接地应考虑高土壤电阻率和冻胀灾害。高原冻土的平均土壤电阻率都在3000～5000Ω·m之间，根据当地运行情况进行处理。采取降阻措施时，可采用换土填充等物理性降阻剂进行，禁止使用化学类降阻剂。

2）电力电缆金属屏蔽层必须直接接地。交流系统中三芯电缆的金属屏蔽层，应在电缆线路两终端和接头等部位实施接地。当三芯电缆具有塑料内衬层或隔离套时，金属屏蔽层和铠装层宜分别引出接地线，且两者之间宜采取绝缘措施。

4.电缆线路警示标志

电缆路径沿途应设置统一的警示带、标识牌、标识桩、标识贴等电力标志。

警示标志主要用于直埋、排管、电缆沟和隧道敷设电缆的覆土层中，应在外力破坏高风险区域电缆通道宽度范围内两侧设置，如宽度大于2m应增加警示带数量。

在电缆终端头、电缆接头、拐弯处、夹层内、隧道及竖井的两端、人井内等地方的电缆上应装设标识牌；电缆沟、隧道内电缆本体上，应每间隔50m加挂电缆标识牌；电缆排管进出井口处，加挂电缆标识牌。

标识桩一般为普通钢筋混凝土预制构件，面喷涂料颜色宜为黄底红字。敷设路径起、终点及转弯处，以及直线段每隔20m应设置一处；当电缆路径在绿化隔离带、灌木丛等位置时，可延至每隔50m设置一处。

直埋电缆在人行道、车行道等不能设置高出地面的标志时，可采用平面标识贴。

（三）配电站房部分

配电站房部分应在《国家电网有限公司配电网工程典型设计（2024版） 配电站房分册》中选择一种合适的方案。

配电站房应合理选择电气一次部分技术参数，主要包含电气主接线、电气设备、导体额定电流和短路电流选取，绝缘配合及接地，电气平面布置，站用电及照明等部分。

报告应对电气二次部分进行描述，包含二次设备布置、保护配置、配电自动化等内容。

配电站房的土建部分应参照《国家电网公司配电网工程典型设计 10kV配电站房分册》第11章11.1节、第13章13.1节、第14章14.1节进行详细描述。

（四）配电自动化

对于架空自动化部分，应根据架空网自动化配置原则详细描述线路开关配置、保护配置、通信方式配置、故障指示器配置等情况。改造方案需按审定后的一线一方案配置。

对于电缆自动化部分，应根据电缆网自动化配置原则详细描述一次网架情况和光缆路由图、通信方式配置等情况。

四、施工方案

应根据项目实际，详细描述施工方案，确定停电操作位置、带电作业点位及工作内容，确定发电车保供电点位、容量，以及停电时户数，作为评判该工程是否合理及造价的依据。注意不能简单描述停电××时户数，带电作业几处。

五、拆旧物资处理

拆旧物资处理章节应写明拆旧物资的处理方法、意见，说明拆旧工程范围及概况，应包括主要拆旧物资种类、数量等情况。

可研初设一体化拆旧物资表中物资为应拆部分，应涵盖所有拆旧规模。在项目实施阶段，如遇应收数量、条目与计划拆除数量、条目不符时，经监理单位现场核实后，项目实施单位（部门）出具差异原因说明，监理部门会签后上报资产管理部门。资产管理部门依据《国网浙江省电力公司配电网生产类设备资产报废损耗标准》审核差异是否合理。

六、环境保护

（1）严格工程选址选线论证。充分考虑环境制约性因素，开展工程选址选线方案比选论证，优先避让各类环境敏感区和水保敏感区，确实无法避让的，按规定开展相关专项论证、协议办理等工作。

（2）综合考虑污染物排放控制、生态保护与恢复、水土流失防治等因素，优化可研方案。

（3）在可研编制中应确认项目是否涉及各类环境敏感区和水保敏感区，对危废回收物应做好合理处置，如废铅蓄电池暂存转运、六氟化硫回收处置等。

七、附件部分

附件应包含附图、明细表、材料清单、估算（概算）书、项目关联信息表五部分。

（1）附图应包含网格总地理图、拓扑图，改造前后相关线路 PMS 单线图、拓扑图（有需要的要加远景图），地理路径图（根据实际需要增加电缆路径图、管道路径图、光缆路由图，远景地理图），杆头示意图，弧垂表，杆上设备安装图，铁附件加工图，防雷、接地安装图，配电站房电气主接线图，平面布置图，电缆管道断面图，设备基础图，电缆井盖板、支架、接地装置加工图等。

（2）明细表应包含杆塔明细表（架空部分），电缆工程明细表、电力管沟土建明细表（电缆部分），材料清单等附表。涉及架空自动化的，应附一线一方案表格。

（3）估算（概算）书内容详细见表 2-6 建设预算成品内容组成。

（4）项目关联信息表作为项目关联论证的基础信息，应认真填写电压等级、上级电源、投资规模、项目内容、建设目标等信息，作为后续关联论证的依据。

知识三　工程造价编制实操

一、编制程序

工程建设预算的编制是应用计价定额或指标对建筑产品价格进行计价的活动。可研初设一体化文本编制时，应采用工料单价法进行估、概算编制，按估算指标、概算定额、预算定额的定额子目逐项计算工程量，套用概预算定额（或估算指标）的工料单价确定定额直接费（包括人工费、材料费、施工机械使用费），同时计算未计价材料费（未计价材料是配电网各定额基价中未包含的材料，须按要求计算材料用量以及材料费）后形成直接工程费，然后按规定的取费标准确定措施费、间接费（包括企业管理费、规费），再计算利润、编制基准期价差和增值税，经汇总后即为各单项工程的建设预算价格。工程建设预算编制的基本程序见图 3-1。

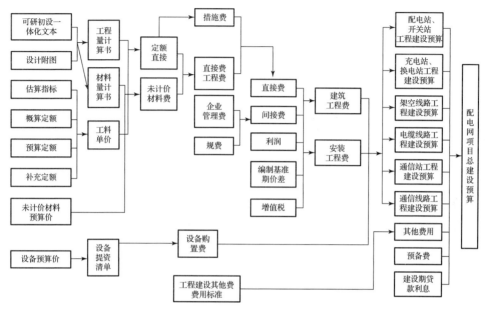

图 3-1　配电网工程建设预算编制流程图

工程建设预算价格的形成过程，就是依据各定额所确定的消耗量乘以对应单价，经过不同层次的计算，最后对定额价格水平进行调整后形成相应造价的过程。工程建设预算编制公式如下：

（1）定额（最小计价单元）基价 = 人工费 + 材料费 + 施工机械使用费

式中：人工费 =Σ（人工工日数量 × 人工单价）

材料费 =Σ（材料消耗量 × 材料单价）

施工机械使用费 =Σ（施工机械台班消耗量 × 施工机械台班单价）

（2）单位建筑安装工程定额直接费 =Σ（定额工程量 × 定额基价）

（3）单位建筑安装工程未计价材料费 =Σ〔未计价材料设计量 ×（1+ 材料施工损耗率）× 未计价材料预算价〕

（4）单位建筑安装工程直接工程费 = 单位建筑安装工程定额直接费 + 单位建筑安装工程未计价材料费

（5）单位建筑安装工程直接费 = 单位建筑安装工程定额直接工程费 + 单位

建筑安装工程措施费

其中：措施费 = Σ（人工费 + 机械费）× 各措施费费率

注：费率应区分工程所在地区域、措施内容和项目类别，按《20kV 及以下配电网工程建设预算编制及计算规定》（2022 年版）计算。

（6）单位建筑安装工程建设预算造价 = 单位建筑安装工程直接费 + 间接费 + 利润 + 编制基准期价差 + 增值税

其中：管理费 =（人工费 + 机械费）× 管理费费率

规费 = 人工费 × 调整系数 × 社会保险费率

利润 =（人工费 + 机械费）× 利润费率

编制基准期价差 = 安装工程价差 + 建筑工程价差

安装工程价差 = 定额人工价差 + 定额材料价差 + 定额机械价差

其中：定额人工价差 = 定额人工费 × 人工调整系数

定额材料价差 = 定额人工费 × 人工调整系数

定额机械价差 = 定额人工费 × 人工调整系数

建筑工程价差 = 定额人工价差 + 定额材料价差 + 定额机械价差

其中：定额人工价差 = 定额人工费 × 人工调整系数

定额材料价差 = Σ（典型材料市场价 – 典型材料预算价）× 材料消耗量

定额机械价差 = Σ（典型机械市场价 – 典型机械预算价）× 材料消耗量

注：编制基准期价差按电力工程造价与定额管理总站发布的《2022 年版20kV 及以下配电网工程估算指标及概预算定额价格水平调整办法》实行，其中人工、材料、机械调整系数，典型机械市场价，典型机械预算价，典型材料预算价由定额总站以调差文件的形式每年发布两次。文件中人工调整系数区分安装、建筑及地域，材料和机械调整系数区分项目类别、材料种类及地域，典型机械市场价区分机械种类及地域进行发布。其中典型材料市场价参考工程所在地信息价、采购合同价或其他市场信息价格计列。

（7）单项工程设备购置费 = 设备费 + 设备运杂费 + 设备配送费（如有）

其中：设备运杂费 = 设备费 × 运杂费费率

设备配送费 = 设备费 × 配送费费率

（8）单项工程建设预算造价 =Σ 单位建筑安装工程建设预算造价 +Σ 单项工程设备购置费

（9）建设项目（多个项目的集合）建设预算造价 =Σ 单项工程建设预算造价 + 工程建设其他费 + 预备费 + 建设期利息

二、项目划分

建设预算项目划分是按照工程项目划分对预算项目设置、编排次序和编排位置的规定，与设计的专业划分及分册图纸划分相适应。

配电网项目建设预算编制应严格执行《20kV 及以下配电网工程建设预算编制及计算规定》（2022 年版）关于项目定义及项目划分原则。编制建设预算时，各级项目的工程名称应按全名填写，不得任意简化。如在本项目划分之外确有必要增列的工程项目，应根据工程类型在有项目序列之后顺序排列。

（一）项目类别及项目集

1. 配电站

配电站是用于将电能分配到用电设备或用户的站点，是电网的末端站点，上连变电站、下连电力用户，一般由变压器、配电装置、控制保护设备和相关线缆组成，也称为配电所。

2. 箱式变电站

箱式变电站是配电站的一种，是将变压器、高压电气设备、低压电气设备等进行成套紧凑组合，配置在一个或几个封闭箱体中的配电站。

3. 开关站

开关站是只有接通开断功能的配电站，主要起电能的传输作用，站内没有变压器、只设置开断和控制保护装置，一般是将一路进线根据需要分成几路馈出，也称为开闭站、开闭所。

4. 环网箱

环网箱是安装于户外，由多面环网柜组成，有外箱壳防护，用于 10kV 电缆线路环进环出及分接负荷，且不含配电变压器的配电设施。按结构可分为共箱型和间隔型。

5. 充电站

充电站是采用整车充电模式为电动汽车提供电能的场所。

6. 换电站

换电站是采用电池更换模式为电动汽车提供电能的场所。

7. 充换电站

充换电站是同时可为电动汽车提供整车充电服务和电池更换服务的场所。

8. 架空线路

架空线路是以裸导线或绝缘电线为电能输送载体，以杆、塔为主要支撑，露天空中架设的配电线路。

9. 电缆线路

电缆线路是以电力电缆为电能输送载体，直埋于地下、敷设于水下、海底或布置在地下沟道、隧道内的用以连接配电站、开关站和用户的配电线路。

10. 通信站

通信站是用于电力系统通信的通信设施站点。

11. 通信线路

通信线路是用于电力系统通信的光缆、音频电缆等媒介的传播，通常情况下与电力线路同塔（杆）架设，也可以通过通信管道或自立杆架设。

12. 分布式光伏

分布式光伏是位于用户附近，所发电能就地利用，以 10kV、380V、220V 电压等级接入电网，且单个并网点总装机容量不超过 6MW 的光伏发电项目。

13. 项目集

项目集是由两个或两个以上 20kV 及以下配电网工程项目组成的工程项目集合。

配电网概预算以项目集为单位编制建设预算，但构成项目集的子项目在建设预算编制时，都必须符合项目及费用性质划分规定。

（二）费用性质划分

1. 各类站工程费用性质划分

（1）建筑工程费。

建筑工程费除包括建筑工程的本体费用之外，以下项目也列入建筑工程费中：

1）建筑物的给排水、采暖、通风、空调、照明设施（含照明配电箱）。

2）建筑物用电梯及其安装。

3）建筑物的金属网门、栏栅及防雷设施，独立的避雷针、塔，建筑物的防雷接地。

4）屋外建构筑物的金属结构、金属构架或支架。

5）各种直埋设施的土方、垫层、支墩，各种沟道的土方、垫层、支墩、结构、盖板，各种涵洞，各种顶管措施。

6）消防设施，包括气体消防、水喷雾系统设备、喷头及其探测报警装置。

7）站区采暖加热站设备及管道，采暖锅炉房设备及管道。

8）生活污水处理系统的设备、管道及其安装。

9）砖或混凝土砌筑的箱、罐、池等。

10）设备基础、建筑专业出图的地脚螺栓。

11）建筑专业出图的站区工业管道或建筑物预留埋管。

12）建筑专业出图的电线、电缆埋管、沟及隧道工程。

13）凡建筑工程预算定额中已明确规定列入建筑工程的项目，按定额中的规定执行。

（2）安装工程费。

安装工程费除包括各类工艺设备、管道、线缆及其辅助装置的组合、装配、调试及材料费用之外，以下项目也列入安装工程费中：

1）设备的维护平台及扶梯。

2）电缆、电缆桥（支）架及其安装，电缆防火。

3）屋内配电装置用金属结构、金属支架、金属网门。

4）设备本体、屋外区域（如变压器区、配电装置区、管道区等）的照明。

5）接地工程的接地极、接地模块、降阻剂、焦炭等。

6）安装专业出图的电线、电缆埋管、工业管道工程。

7）安装专业出图的设备支架、地脚螺栓。

8）安装专业出图的空调系统集中控制装置安装。

9）集中控制系统中消防集中控制装置。

10）分布式光伏太阳能光伏板、光伏方阵、逆变器屏及汇流控制屏及其附件等安装。

11）凡设备安装工程定额中已明确规定列入安装工程的项目。

（3）架空线路工程费用性质划分。

架空线路工程的土石方工程、基础工程、杆塔组立、导线架设、杆上变配电装置安装等均列入安装工程。

（4）电缆线路工程费用性质划分。

1）建筑工程费：电缆线路工程中，土石方、构筑物及辅助工程中的材料运输、通风、照明、排水、消防、围护、地基处理均列入建筑工程费。

2）安装工程费：电缆支架、桥架、托架的制作安装，电缆敷设，电缆附件，电缆防火，电缆监测（控）安装及调试和电缆试验等列入安装工程费。

（5）通信工程费用性质划分。

1）建筑工程费：独立建设通信站相关的机房建筑、通信天线支架及基础、太阳能供电系统支架及基础、供水系统建筑及辅助生产建筑等列入建筑工程费。

2）安装工程费：各类通信设备、通信光（电）缆及其辅助装置的组合、装配、安装、接地及设备性能测试、系统调测列入安装工程费。

2. 材料设备费用性质划分

（1）各类站工程材料设备性质划分。

1）在划分设备与材料时，对同一品名的物品不应硬性确定为设备或材料，而应根据其供应或使用情况分别确定。

2）随设备供应的零部件、基础框架、地脚螺栓、备品备件及专用工具，属于设备。

3）凡属于一个设备的组成部分或组合体，不论用何种材料制成或由哪个制造厂供应，即使是现场加工配制的，均属于设备。

4）凡属于各生产工艺系统设备成套供应的，无论是由该设备厂供应，或是由其他厂家配套供应，或在现场加工配置，均属于设备。

5）某些设备难以统一确定其组成范围或成套范围的，应以制造厂的文件及其供货范围为准，凡是制造厂的文件上列出，且实际供应的，应属于设备。

6）设备中的填充物品，不论其是否随设备供应，都属于设备的一部分。如变压器、断路器的填充油等，均属于设备。

7）配电系统的变压器、断路器、隔离开关、负荷开关、成套柜、开闭所装置、自动补偿装置、互感器、避雷器、封闭母线、共箱母线、承插式母线等属于设备，带形母线、软母线、绝缘子、金具、电缆、接线盒等属于材料。

8）建筑工程中给排水、采暖、通风、空调、消防、采暖加热（制冷）站（或锅炉）的风机、空调机（包括风机盘管）和水泵属于设备。

9）分布式光伏用太阳能光伏板及附件、逆变器屏及汇流控制屏属于设备。

（2）架空线路工程材料设备性质划分。

杆上布置的变压器、配电箱（柜）、断路器、负荷开关、隔离开关、互感器、避雷器、熔断器（保险器）及无功补偿装置等属于设备随杆上设备供应的支架及附件等属于设备，电杆（塔）、电线、绝缘子、金具及其附件均属于材料。

（3）电缆线路工程材料设备性质划分。

电缆线路工程中，电缆分接箱、避雷器、中间接头防爆盒等属于设备，电缆、电缆头属于设备性材料，接地电缆、接地体属于材料。

3.通信工程材料设备性质划分

（1）设备：通信工程中的各类通信设备、监控设备、安全防护设备、网络管理设备、通信电源设备及附属板卡等属于设备；配电自动化中的各类站所终端、服务器、工作站及附属板卡等属于设备；营销系统中的各类表计、终端、采集器、用电终端、缴费设备等属于设备；与设备配套使用的各类配线架属于设备；通信成套设备内部的电缆连线、跳线、跳纤等属于设备。

（2）材料：通信工程中的用于支撑无线设备安装的杆、塔、支架等属于材料；通信线路的光缆、音频电缆、杆、金具、保护管、接线盒、余缆架等属于材料；连接设备之间的缆、线、软光纤等属于材料；光（电）缆的辅助设施槽盒、走线架等属于材料；用电计量的表箱均属于材料。

4.其他

除以上规定外，定额中已经明确了设备与材料划分的，应按定额中的规定执行。

📝【内容小结】

本章主要从必要性编制实操、设计方案编制实操、工程造价编制要点等方面对可研初设一体化编制内容及深度进行详细说明，明确编制中需要考虑的问题。

📑【测试巩固】

1. 线路年负荷曲线中，线路年最大负荷是否取最高点数据？

2. 10kV 架空线路设计参照哪个典设？

3. 电缆改造项目，若设计时经现场踏勘仍不能确定电缆是否直埋，届时能否成功回收，应如何填写？

第四章　可研初设一体化编制典型错误分析

⊙【章节目标】

本章旨在通过一些可研初设一体化编制过程中的典型错误，引导编制人员按正确方法编写。

【错误辨析】

类型一　"工程命名及索引"类典型错误

一、工程命名

【案例1】××2025年10kV××线等线路改造工程。

错误解析：

1. 项目命名中存在"等"，如不再细分子项，不满足项目命名颗粒度要求；

2. 命名中的"线路改造工程"，与网上电网标准化命名要求不符，应从配套送出工程、网架优化加强工程、防灾抗灾能力提升工程等后缀中选取。

【案例2】××2025年10kV××电源接入工程。

该项目实际为一家装机1600kVA的工业用户供电。

错误解析：

电源接入工程为分布式光伏、风电、小水电、储能等电源接入配套，工业用户接入，命名应为"××2025年10kV××用户业扩配套工程"。

【案例3】××2025年××变10kV 22线配套送出工程。

错误解析:

××变 10kV 22 线新建一般离变电站投运时间较为久远,非配套送出项目,应采用××2025 年 10kV 22 线新建工程。

二、项目签章页

【案例 4】项目签章页均为空白。

错误解析:

可研初设一体化文本编制、校核、审核、批准作为可研评审的前置条件,在编制完成后,需由设计人员和建设管理单位相关人员内审无误后手签确认方生效,方可作为成果开展项目评审。

三、目录

【案例 5】目录中出现以下文字:

1. 工程方案 13
2. 路径方案 .... 错误!未定义书签。
3. 气象条件 .... 错误!未定义书签。

错误解析:

该项目文本中的章节有删减,但目录未更新,此类错误较为常见。还有部分文本存在章节不按模板编制的情况,应提醒设计人员注意避免。

类型二 "可研方案"类典型错误

一、设计依据方面

【案例 6】纯电缆改造项目设计依据包含《配电网规划设计技术导则》Q/GDW 1738—2012,《国家电网公司配电网工程典型设计(10kV 架空线路分册)》2024 版,《××市电网"十三五"发展规划》。

错误解析:

1.《配电网规划设计技术导则》最新文号为 Q/GDW 10738—2020,在编制过程中 Q/GDW 1738—2012 和 Q/GDW 1738—2020 还较为常见，文件应该是最新版。

2. 纯电缆改造项目典设依据应为《国家电网公司配电网工程典型设计（10kV 电缆分册）》2016 版，不应错写、漏写或多写。

3. 现如今"十四五"已经过半，不应再使用《××市电网"十三五"发展规划》作为依据。

二、网格概况

【案例 7】网格基本信息情况中表一：网格内配网供电电源现状，网格内有 35kV 变电站一座，网格内 10kV 间隔总数 8 个，表二：网格内 10kV 配网运行情况表中公用线路为 10 条，表四：网格内 10kV 现状电网规模中 10kV 线路数为 9 条。

错误解析：

网格信息基本情况中表一～表五中数据应前后对应，实时更新。各表内的各类线路数据、区域电网内容线路条数应该对应。

【案例 8】项目网格基本信息情况表三：网格内 10kV 配网线路现状，线路 1 导线型号为 JKLYJ-120，电缆型号为 YJV22-3×300，调控限流为 665A，线路 2 导线型号为 JKLYJ-185，电缆型号为 YJV22-3×300，调控限流为 426A。

错误解析：

调控限流与导线电缆型号和变电站电流互感器 TA 有关，该项目中线路 2 比线路 1 截面更大，但是限流却比线路 1 小，且线路 1 的电缆和导线限流与实际不符。设计人员应根据各单位每年发文的线路限额表如实填写调控限流。

三、建设必要性及方案合理性

【案例 9】某项目为××线路改造。建设必要性问题描述如下：××线路投运时间较长，线路老旧，故障较多，用户较多，供电可靠性较低，需要改造。

故障情况分析中增加的故障原因为：1.用户原因；2.小动物事件；3.外力破坏。

错误解析：

1.建设必要性应定量描述，不能只用较长、较多、较低等字眼。

2.故障情况均为用户、外破等原因，不能支撑线路老旧、故障多需要更换的理由。

【**案例 10**】某项目为××变电站出线电缆更换。建设必要性问题描述如下：××线路投运于××年（距今 10 年），电缆老旧，1 号杆电缆头温度高，红外测温温度为 70℃，存在故障风险。

错误解析：

1.根据项目需求立项原则，电缆设备运行年限不足 25 年，满足供电能力且不影响安全运行的，原则上不予整体更换。本项目线路投运年限为 10 年，且无本体故障，不满足电缆全寿命周期要求。

2.项目需求立项原则中规定，电缆运行时间大于 25 年或本体故障累计满 4 次及以上（不包括外部原因和附件故障），并经状态评价存在绝缘缺陷的电缆线路，应安排更换。

本项目电缆头温度高可能属于电缆头制作工艺问题，电缆更换必要性不足。应通过重新制作电缆头解决电缆头温度高的问题，不应整体更换。

【**案例 11**】某 10kV 线路，负荷不大，负载率仅为 20%，原导线型号有 JKLYJ–185 和 LGJ–95，JKLYJ–185 线路现状运行无问题，LGJ–95 存在线路老旧、安全距离不足的问题，设计人员在线路老旧改造中，为了将导线换为统一型号，把线路主干线中的 JKLYJ–185 导线更换为 JKLYJ–240 导线。

错误解析：

1.JKLYJ–10/185 绝缘导线未到全寿命周期，且与 240 导线限额差距不大，在线路负荷也不大的情况下不存在"卡脖子"现象，不应更换。

2.类似如不影响安全运行的 YJV22–8.7/15–240 的电缆都不建议更换成

YJV22–8.7/15–300 电缆。

【案例 12】某架空线路改造工程中的自动化改造部分，将线路中的所有普通柱上断路器均换成一二次融合成套柱上断路器。线路故障指示器只有新装、拆除，没有移装。

错误解析：

1. 根据国家电网有限公司《配电自动化规划设计技术导则》等标准，并非所有柱上开关均要更换为一二次融合成套柱上断路器，如线路 1 号杆装有柱上普通开关，只要退出保护即可，部分支线用户数较多的根据要求应配置智能开关。

2. 架空自动化改造应根据审批通过的线路的"一线一方案"，遵循轻重缓急原则，安装一次设备并配置保护。

3. 线路故障指示器也应依据国家电网有限公司《配电自动化规划设计技术导则》等标准按需配置，如线路原配置方式有问题，移装即可，并不是只能新装和拆除。

【案例 13】某高耗能柱上变压器改造项目，更换配电变压器的同时，把跟配电变压器相关的跌落式熔断器、避雷器、低压配电箱、高低压电缆全套设备都更换一遍；某小区露天箱变运行已达 25 年，箱变内配电变压器为高能耗配电变压器，该项目就事论事采用更换配电变压器的方法将小区内所有箱变中的变压器进行更换。

错误解析：

1. 这类项目的改造目的为更换高耗能配电变压器，部分配电变压器跌落式熔断器、高低压电缆、避雷器、低压配电箱确实存在老旧的问题，在说明必要性后支持全套设备更换。在设计时应对配电变压器跌落式熔断器、避雷器、低压配电箱、高低压电缆等情况进行梳理核实，核对现场运行和历年更换情况，不应未去现场，光从纸面上就设计成全套更换。

2. 小区露天箱变运行已达 25 年，根据补充提供的照片，外壳已锈蚀，一般情况下箱内设备也会老化，若就事论事只更换配电变压器，又会在几年后有更换箱变的需求，建议针对箱变情况进行状况评估，若状况较差建议彻底更换，避免重复改造、重复投资。

【案例14】某35kV变电站升压改造，新110kV变电站在50m范围内，涉及所有10kV出线电缆改接。为了减少电缆的中间接头，项目更换所有原变电站到1#接头的电缆，新敷设新变电站到1#接头的新电缆，导致大量截面积300mm^{2}的铜电缆拆除。

错误解析：

1. 该工程大量截面积为300mm^{2}的铜电缆运行年限不到就需拆除过于浪费，变电站升压移位，某些电缆需加长，某些电缆会有多余，不需要所有电缆均接长。

2. 对于电缆接长可能存在中间接头增多的情况，建议在项目实施时选择合理位置增设电缆分支箱，提高电缆运行可靠性，并减少投资。

【案例15】某项目为110kV变电站新建配套10kV送出工程，远景出线36回，变电站出口段土建设24回电缆出口，并因廊道问题在马路同一侧通道新建20孔管道。

错误解析：

1. 变电站配套送出工程，变电站出口段电缆通道应该考虑远景规划，一次建成。

2. 在同一通道新建20孔排管管道，后续电缆施工难度大，运维困难，建议多方向出线、多通道出线，并建议主网变电站选址时考虑配网出线。

【案例16】某中大型电动汽车充电站配套工程，新建一个环网室，主接线为两个独立单母线接线，单个环网室接入容量为12600kVA，馈线间隔数为24回。

错误解析：

1. 本项目环网室未按典设方案建设，根据典设要求，一般为4进，2～12回馈线，本项目建设馈线间隔数为 24 回，不符合典设。

2. 单台环网室接入容量太大，装机容量为 12600kVA，实际负荷可达 10MW，单段母线最大负荷可达 5MW，分段内负荷太大，易造成转供困难和线路重载，不满足 $N-1$ 校验。

3. 建议新建两个环网室，每个环网室带 6300kVA 负荷，每段母线最大负荷约 2.5MW。

【案例 17】某较多低压接入需求配套工程，应居民要求，较多箱变集中布置，造成低压电缆出线较为集中。

错误解析：

1. 因配电变压器集中布置，存在低压电缆集中布置导致供电半径长、电缆需求较多的情况，导致增大投资，降低电能质量。

2. 低压电缆集中布置，导致电缆安全载流量变小，需选择更大截面电缆，增大投资。

3. 低压电缆集中布置，若发生电缆故障放电甚至着火，易造成大量电缆故障，降低供电可靠性。

4. 设计时应该多向居民用户说明情况，箱变尽量布置到负荷中心，节省低压电缆投资，降低安全风险。

【案例 18】某配电变压器布点增容工程，项目中 18 个配电变压器均为原址更换，部分配电变压器由 315kVA 更换为 400kVA。

错误解析：

1. 配电变压器负载率 80% 以上为重载，70% 以上应根据负荷增长情况着手准备布点增容，布点增容应按照"先补点、后增容"原则进行，不应由于政策处理困难，配电变压器均原址增容。

2. 315kVA 的变压器（若负载率为 80%，未到设计年限）更换为 400kVA 的变压器（改造后负载率为 63%），属于考虑不长远，随负荷增加就需再考虑补点，造成重复投资。应考虑新布点配电变压器来彻底解决重载问题。

【案例 19】某环网箱双电源改造工程，另一路电源从原电源同杆架设的双回路上接入。

错误解析：

双电源应该考虑从不同变电站的电源或者同一变电站不同母线线路（非同杆架设）接入。同杆架设线路双电源为假双电源，建设意义不大。

【案例 20】某线路改造工程编制配网基建项目可研，建设必要性为××线路在××地块中，用户要求将线路移出地块，并为了城市美观，将高低压线路进行"上改下"，拆除 JKLYJ–10/150 导线 0.4km，拆除 JKLYJ–1/120 导线 0.5km。

错误解析：

1. JKLYJ–150/10、JKLYJ–1/120 导线自投运起至今不到 10 年，未到全寿命周期。

2. 涉及现有线路的上改下或者迁改工程，坚持"谁主张，谁出资"原则，由提出方落实电缆工程电气、土建费用，并认真落实相关配套补偿政策。

【案例 21】某高能耗配电变压器改造项目，单纯更换配电变压器，未同步更换影响安全运行的老旧低压配电箱，未对容量与新配电变压器不匹配的低压配电箱进行增容。

错误解析：

1. 更换高能耗配电变压器时应同步对低压配电箱、跌落式熔断器等设备进行状态评价，对于状态评价较差的应一并更换，不应未到现场只根据铭牌更换高能耗变压器。

2. 配电变压器更换增容后，部分低压配电箱容量与配电变压器不匹配，因现有低压配电箱规格有所调整，安装新低压配电箱需要拆除变压器，抬升配电变压器台架，造成二次安装。故更换配电变压器时应根据现场实际，同步考虑低压配电箱、设备避雷器、配电变压器跌落式熔断器、低压电缆等设备是否需要同步更换，一次停电完成所有改造。

【案例 22】某高能耗配电变压器改造项目，50、80、100kVA 配电变压器全增容至 400kVA，且对 JP 柜、跌落式熔断器、低压电缆等设备、材料全部更换。

错误解析：

1. 配电变压器增容需要考虑配电变压器运行的经济性，设计时应对该配电变压器供区整体负荷进行分析，对后续供区及负荷情况进行预测，根据实际需求灵活选择变压器容量，不能搞一刀切，确有直接增容至 400kVA 需求的应予以说明。

2. 对于状态尚好的设备、材料也不应全部更换，需更换的在建设必要性中应予以体现。

【案例 23】某配电变压器增容布点项目，400kVA 配电变压器，最大负载率为 82%，项目新增一台 400kVA 配电变压器，改造后文本中描述两台变压器最大负载率分别为 58% 和 55%。

错误解析：

1. 配电变压器增容后总体负荷一般不变，两台变压器最大负载率相加应为 80% 左右，58% 和 55% 应该是错误的。

2. 若配电变压器新增的同时有新用户接入，应在备注中说明 ×× 变有 ××kVA 用户接入，改造后负荷预测可以包含该部分负荷。

【案例 24】某环网室开关柜更换，投运时间为 2020 年，改造原因为开关柜发生多次故障，提供依据为环网室水汽较多、开关柜电缆头故障和进小动物致短路故障，工程内容为更换环网室内 18 面开关柜。

错误解析：

1. 该环网室未到全寿命周期，且故障原因非开关柜问题，主要原因为电缆头施工工艺和运维原因。

2. 环网室水汽较多，应采取技术措施加以改造，因环网室水汽较多导致开关柜频繁更换属于治标不治本，投资效益不足。

【**案例 25**】某解决大分支线路末端无联络的工程，现状为一组架空线路单元存在一个大分支，该项目通过大分支就近与已建成的电缆双环网线路建了新联络，且未在规划图纸中有体现。

错误解析：

1.该方案为新增联络，属于网架类项目，未出自规划库，应先对规划进行修编。

2.已建成的电缆双环网已建成了馈线自动化，与架空线路单元中的一个大分支联络后将破坏馈线自动化。

3.为了解决大分支问题将线路网络连成一团，使网架更加复杂。

4.建议该项目将架空线路单元存在一个大分支打散，化整为零作为若干个小分支分别就近接入附近环网室。

【**案例 26**】某解决架空线路大分支线路末端无联络的工程，有一个分支有8个用户（负荷较小），且此线路已有5个联络，为解决大分支，再增加一个联络，将网格内所有线路都连在了一起。

错误解析：

1.8个用户（负荷较小）不定义为大分支，通过架空线路自动化配置后能很好地提升可靠性，且纯联络不分段也无助于可靠性提升。

2.该架空线路联络过多，联络应根据实际做减法，不应再做加法。应着眼整个供电网格，以单元视角梳理去除首端联络、分段内多个联络，建立有效联络，解决一团网问题。

【**案例 27**】某线路改造项目，所涉及线路的年负荷曲线图和负荷数据表见图 4-1 和表 4-1。

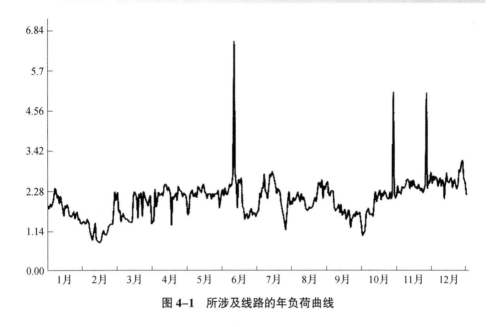

图 4-1　所涉及线路的年负荷曲线

表 4-1　所涉及线路的负荷数据表

序号	线路名称	2021 年 最大电流 （A）	2021 年 平均电流 （A）	2021 年最 大负载率 （%）	2021 年平 均负载率 （%）	2021 年 最大负荷 （MW）	2021 年 平均负荷 （MW）
1	××线	405.17	117.02	78.07	22.55	6.598	2.111

错误解析：

1. 从该线路年负荷曲线图取数，最大负荷为 6.598MW，但该线路负荷最高点为三个尖峰，应为线路倒电源或数据错误，不能作为最大负荷。

2. 从系统中调取尖峰日期该线路的日负荷数据图（图 4-2）和尖峰日期与该线路联线路的日负荷数据（图 4-3），从两条线路日曲线可知，当天发生了负荷转供，故该线路负荷数据发生了突变。线路最大负荷应为线路正常运行方式下的负荷数据，应综合研判与之相关的线路负荷数据再填写。

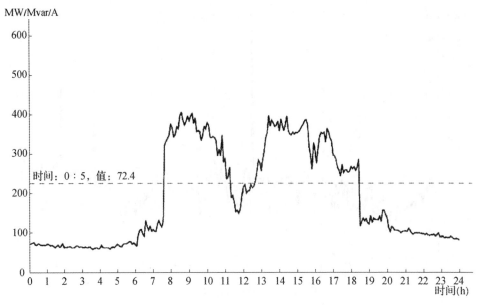

图 4-2　尖峰日期该线路的日负荷数据

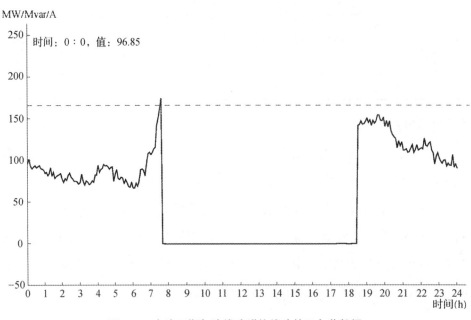

图 4-3　尖峰日期与该线路联络线路的日负荷数据

【案例 28】某线路改造项目涉及另一条联络线路，在文本中线路存在问题的描述中，最大电流为 351A，最大负载率为 80.5%，线路存在重载问题，年电流曲线图见图 4-4。

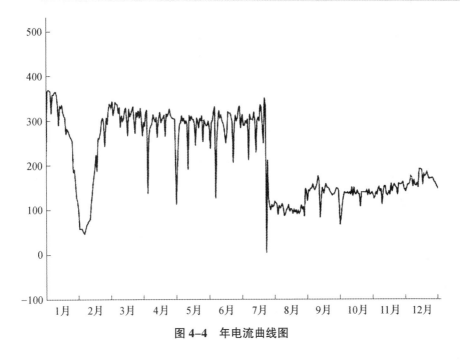

图 4-4　年电流曲线图

错误解析:

1. 从本线路年电流曲线图看,当年 7 月份已对线路进行了负荷切割,线路电流明显下降,文本分析的最大电流和最大负载率应该以切割后为准。

2. 从曲线看,负荷电流经改造已在 200A 以下,负载率约为 45.87%,应以最新实时数据作为最大负荷数据。同时应考虑在建未完工工程对线路负荷的影响(应作说明并预测)。

【**案例 29**】某重载线路改接工程,I 线路重载,将该线路部分负荷割接至 II 线,未描述有其他线路参与改造,项目总投资为 368 万元。改造前后情况见表 4-2。

表 4-2　某重载线路改造前后情况表

建设状态 对比参数	挂接容量 (kVA)	用户数 (户)	最大负荷 (MW)	平均负荷 (MW)	最大负载率	平均负载率
改造前 (I 线)	13381	49	5.37	3.65	71.17%	48.35%
改造后预测 (I 线)	10778	33	3.58	2.76	47.43%	36.51%

建设状态 对比参数	挂接容量 （kVA）	用户数 （户）	最大负荷 （MW）	平均负荷 （MW）	最大负载率	平均负载率
改造前 （Ⅱ线）	12879	38	4.55	3.33	60.25%	46.50%
改造后预测 （Ⅱ线）	14248	46	4.93	3.65	65.30%	39.09%

错误解析：

1.该项目因Ⅰ线重载，将Ⅰ线负荷切割至Ⅱ线，未提及其他线路，则改造前后两条线路的挂接容量之和、用户数之和、负荷之和应该一样，但本项目改造前后出入较大。

2.Ⅱ线改造前负载率为60.25%，改造后为65.3%，也已接近重载，若转到Ⅱ线的负荷正确，则Ⅰ线最大负荷应为4.99MW，最大负载率为66.09%，如没有其他线路参与改造或者调整运行方式转移负荷，此项目选择割接负荷的线路不合适，造成改造不彻底，近两年这两条线路都会重载，又要进行改造，投入368万元效益不高。

【案例30】某重载线路改接工程，Ⅰ线路重载，将该线路部分负荷割接至Ⅱ线，未描述有其他线路参与改造，改造前后情况见表4-3。

表4-3　某重载线路改造前后情况表

建设状态 对比参数	挂接容量 （kVA）	用户数 （户）	最大负荷 （MW）	平均负荷 （MW）	最大负载率	平均负载率
改造前 （Ⅰ线）	13381	49	5.37	3.65	71.17%	48.34%
改造后预测 （Ⅰ线）	5778	31	2.72	1.53	36.03%	20.26%
改造前 （Ⅱ线）	6879	38	2.36	0.98	31.52%	12.98%
改造后预测 （Ⅱ线）	14482	56	5.03	3.12	66.62%	41.32%

错误解析：

1.该项目因Ⅰ线重载，将Ⅰ线负荷切割至Ⅱ线，Ⅱ线改造后用户数超50台，挂接容量超12000kVA，停电影响范围较大，应考虑是否改接这么多用户。

2.Ⅱ线改造后最大负载率为66.62%，Ⅰ线改造后最大负载率为36.03%，经改造后解决了Ⅰ线的重载问题，但造成Ⅱ线改造后负载率偏高，即本项目只是将Ⅰ线重载情况转移到Ⅱ线，未彻底解决问题，线路负荷不应割接过多，易造成重复改造。

【案例31】某变电站已无空余间隔且下辖两条线路接近重载，项目中从较远变电站跨供区新建线路至变电站门口，解决两条线路接近重载问题。

错误解析：

1.评审时获悉，该变电站在近期有3#主变扩建工程，供电所对此一无所知。

2.在3#主变扩建已进入近期建设时序后，应立即调整配网规划，做到主配协同。

3.该项目现行方案从较远变电站跨供区新建线路至变电站门口，无远景规划，也不符合规划导则建设原则，且造价高，不建议立项。

四、实施年限

【案例32】某项目在2023年4月20日参加可研评审，实施年限填写为：本工程计划开工时间为2023年1月10日，投产时间为2023年12月31日。

错误解析：

项目在4月20日参加可研评审，尚未储备项目，不可能开工建设和投产，应按实际时间修改。

五、投资估算、概算

【案例33】某项目投资估算为1234567万元，投资概算为1234588万元。

错误解析：

1.项目投资估算和投资概算单位均按万元填写，本项目资金达123亿，存在错误，应该是元和万元弄错了。

2. 概算投资应小于估算投资，不能填反。

3. 根据习惯，估算投资一般精确到整数，概算精确到两位小数。

类型三 "工程规模" 类典型错误

【案例 34】某项目主要工程量：新架设 3×JKLYJ-10/240 双回路架空线路 0.642km、3×JKLYJ-10/150 单回路架空线路 0.018km、3×JKLYJ-10/70 单回路架空线路 0.159km；新敷设 ZC-YJV22-8.7/15-3×300 电缆 1.435km。

错误解析：

1. 项目主要工程量架空线路和电缆长度应为路径长，单位应为 km（公里），双回路长度不应折合成单根导线长度。

2. 实际应为新架设 JKLYJ-10/240 双回路架空线路 0.321km，JKLYJ-10/150 单回路架空线路 0.018km、JKLYJ-10/70 单回路架空线路 0.159km；新敷设 ZC-YJV22-8.7/15-3×300 电缆 1.435km。

【案例 35】某纯架空线路新建项目主要技术参数如表 4-4 所示。

表 4-4　某纯架空线路新建项目主要技术参数表

工程名称	××区 2023 年 10kV××线新建工程
电压等级	10kV
线路长度	单回架空：2.818km
线缆型号	架空线：JKLYJ-10/240、JKLYJ-10/150、JKLYJ-10/70
设备型号	一二次融合成套柱上断路器，交流避雷器，故障指示器
杆塔型式	环形混凝土杆：Φ190-15 M 级、Φ190-12 M 级
基础型式	水泥杆基础：直埋；钢管杆基础：台阶式
电缆敷设型式	排管
最大载流量 / 限额载流量	552/436

错误解析：

1.本项目为纯架空线路新建，不涉及电缆敷设型式，不应写"排管"，应打"/"。

2.杆塔型式中不涉及钢管杆，在基础型式中却涉及钢管杆台阶式基础。

3.技术参数中的数据应根据实际工程量确定，不应多写，也不应少写。

【案例36】某项目为架空电缆混合新建项目，设备主材表如表4-5所示。

表4-5 某架空电缆混合新建项目设备主材表

序号	物料编码	物料名称	型号及规格	国网固化ID	单位	数量	单价（万元）	合价（万元）
1	500014663	架空绝缘导线	AC10kV，JKLYJ，240	9906-500059246-00006	km	2.075	2.508528	5.205196
2		架空绝缘导线	AC10kV，JKLYJ，150	9906-500059246-00006	km	0.165	1.520972	0.25096
3	500014664	架空绝缘导线	AC10kV，JKLYJ，70		km	0.976	0.844874	0.8245974

错误解析：

1.本项目涉及电缆新建，在设备主材表中未列，本表所列材料应与主要工程量相对应。

2.表格中物料编码、国网固化ID不应空缺，若确实无，请填写暂无。

【案例37】某项目为架空线路改造项目，工程规模涉及更换柱上断路器1台和跌落式熔断器1组，设备主材表如表4-6填写。

表4-6 某架空线路改造项目设备主材表

序号	物料编码	物料名称	型号及规格	国网固化ID	单位	数量	单价（万元）	合价（万元）
1	500138347	一二次融合成套柱上断路器	AC10kV,630A,20kA,户外	G00C-500138347-00004	台	3	50070.3	300421.8
2	500007914	高压熔断器	AC10kV，跌落式，100A	9915-500007914-00002	只	1	419.5	419.5

错误解析：

1.本项目单价、合价单位为万元，一二次融合成套柱上断路器和高压熔断器存在所列单价、合价为元的错误，应统一。

2.工程规模中跌落式熔断器更换1组，主材表中只列了一只，断路器列了3台，存在错误。

【案例38】某项目为10kV电缆改造及低压新建项目，材料表见表4-7。

表4-7 某10kV电缆改造及低压新建项目材料表

序号	物料编码	物料名称	型号及规格	国网固化ID	单位	数量	单价（万元）	合价（万元）
1	500108302	电力电缆	AC10kV,YJV,240,3,22,ZC	9906-500030091-00003	公里	1.439	60.17	86.59
2		电力电缆	AC10kV,YJV,50,3,22,ZC		公里	0.35	15.6	5.46
3	500136086	电能计量箱	单相，12，不锈钢，60A，悬挂式		只	90	0.250	22.50
4	500135887	电能计量箱	三相，4，不锈钢，60A，悬挂式		只	30	0.106	3.18

错误解析：

1.材料清单里出现了单相多表箱和三相多表箱，这些材料不应该从配网基建项目列支，而应该从营销项目列支。

2. 10kV 的 240、50 铜电缆根据国网浙江省电力有限公司精简物料要求，为非标准物料，应根据当地标准物料序列选择对应的物料建设（如浙江公司选择 300、70 铜电缆建设）。

【案例 39】某 10kV 环网室改造项目，开关柜选用电压互感器柜选用（环网柜，AC10kV，630A，电压互感器柜，SF_6，户内），断路器柜选用（环网柜，AC10kV，630A；断路器柜，SF_6，户内）。

错误解析：

1. 根据国家电网有限公司文件，为保护环境，减少温室气体使用，10kV SF_6 开关柜已不再采购，新物料应为电压互感器柜选用（环网柜，AC10kV，630A；电压互感器柜，环保气体，户内），断路器柜选用（环网柜，AC10kV，630A；断路器柜，环保气体，户内）。

2. 项目选择的物料应根据网省公司最新下发的标准物料表格进行实时调整，不能一成不变。

【案例 40】某 10kV 电缆线路改造项目，自动化部分为新装配电站所终端（DTU）1 台，机架 1 台，48 芯 ODF1 套，控制电缆 200m。

错误解析：

1. 配电站所终端（DTU）根据技术规范书现已包含机架和 ODF，无须另配。

2. 控制电缆 200m 应有具体型号，在附件中还应提供明细表。

【案例 41】某电缆新建项目，土建工程量为新建 4+2 孔顶管 0.45km，新建电缆井 2 座。

错误解析：

1. 根据图纸，该项目 4+2 孔顶管实为非开挖拉管（平常习惯称之为顶管），且技经部分计算施工费有较大差异，应按实际填写。

2. 新建 4+2 孔非开挖拉管，一次拉管 0.45km 路径过长，水平距离一般不宜超过 0.2km。

3.使用非开挖拉管应附现场照片并标示拉管位置进行重点说明。

【案例42】某10kV项目典型设计应用填写为"10kV架空"部分参考《浙江省电力公司配电网工程通用设计10kV和380/220V配电线路分册（2013年）》（第××章××节），0.4kV部分参考《国家电网公司380/220V配电网工程典型设计（2018版）》（第××章××节）。

错误解析：

1.《浙江省电力公司配电网工程通用设计10kV和380/220V配电线路分册（2013年）》已不再使用，应按《国家电网有限公司配电网工程典型设计（2024版）10kV架空线路分册》设计。

2.本项目未涉及0.4kV部分，则"0.4kV部分参考《国家电网公司380/220V配电网工程典型设计（2018版）》（第××章××节）"应删除。

类型四　"技术方案"类典型错误

一、工程方案及技术选型

【案例43】某10kV电缆改造项目路径方案如下描述：从××变新出电缆至原井1，往南新建4+2孔管道至新井2，东折新建4+2孔管道至新井3、44，在××线1#杆上杆。路径图见图4-5。

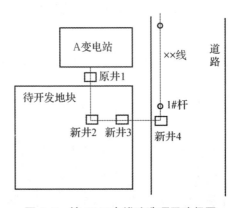

图4-5　某10kV电缆改造项目路径图

错误解析：

1. 根据路径选择的基本原则，线路的布局应与乡镇规划相协调，与配电网改造相结合，并做到路径短、转角少、少占农田、不妨碍公用安全，施工和运行维护方便。

由图 4-5 可见该变电站南侧为围墙围起来的建设用地，电缆管道不应建到建设用地地块里，避免后续电缆线路需迁改，存在重复建设问题，不迁改又存在外破风险。应尽量沿道路、地块边沿建设。

2. 在可研编制时应提前与政府自规管理部门沟通，取得选线位置同意意见（至少取得初步同意意见）后再做可研。

【**案例 44**】某项目架空线气象条件填写为浙 B 气象区。

错误解析：

根据《国家电网有限公司配电网工程典型设计（2024 版） 10kV 架空线路分册》、省气象局制定的标准气象条件，××市分属 A、B 气象区，不再根据《浙江省电力公司配电网工程通用设计 10kV 和 380/220V 配电线路分册（2013年）》选用浙 A 和浙 B 气象区。

【**案例 45**】某项目线路地形表见表 4-8，地质划分表见表 4-9。

表 4-8　线路地形划分表

平地	丘陵	山地	高山	泥沼	河网	沙漠	合计
50%	0%	70%	0%	0%	0%	0%	100%

表 4-9　线路地质划分表

Ⅰ、Ⅱ类土	Ⅲ类土	Ⅳ类土	软质岩	硬质岩	合计
20%	0%	40%	40%	0%	100%

错误解析：

1. 线路地形划分表中平地为 70%，山地为 50%，已超过总额 100%，存在错误。

2.山地指一般山岭或沟谷等，水平距离250m以内，地形起伏在50～150m的地带，地形划分表中山地70%偏高，应予以核实，同时路径选择应尽量避开这类地形。

【案例46】某项目运输距离描述如下：汽车运距45km，人力运距0.3km。

错误解析：

该项目将材料、设备的配送与工地运输概念混淆，运输距离应分为配送距离和工地运输，工地运输又分为汽车（拖拉机、船舶、索道等）运输和人力运输。该项目描述有缺失。

配送距离指的是在设备、材料招标还未确定工程具体位置时，只能将设备、材料运至集中仓库储备，在工程实施时将设备、材料从集中储备库运送至施工临时仓库（材料站）的距离。工地运输中的汽车运输指的是临时仓库（材料站）运至施工现场的距离。架空线路一般施工临时仓库（材料站）按沿线布置，该项目经核实，45km为配送距离和工地运距之和。

【案例47】某项目架空线路新架设JKLYJ-10/240双回路架空线路0.321km，JKLYJ-10/150单回路架空线路0.018km、JKLYJ-10/70单回路架空线路0.159km。

架空部分技术选型，导线型号及截面选取描述如下：按照Q/GDW 1738—2012《配电网规划设计技术导则》的要求，出线走廊拥挤、树线矛盾突出、人口密集的A+、A、B、C类供电区域宜采用JKLYJ系列铝芯交联聚乙烯绝缘架空电缆（以下简称绝缘导线）；出线走廊宽松、安全距离充足的城郊、乡村、牧区等D、E类供电区域可采用裸导线。

本工程所在区域为D类供电区域，根据负荷预测，主干线导线截面选用JKLYJ-10-150mm²型架空绝缘导线，分支线采用JKLYJ-10-70mm²型架空绝缘导线。

错误解析：

1. Q/GDW 1738—2012标准过期，应为Q/GDW 10738—2020。

2. 本工程技术选型所选导线与工程量不符。同时应注意在技术选型中只描写原则未选择导线，或者技术选型选择了导线，但工程量中不存在导线的情况。

【案例 48】某项目架空线路新架设 JKLYJ-10/240 双回路架空线路，气象区为 B 区，水泥单杆弧垂表安全系数选择为 4.5。

错误解析：

1. 根据《国家电网有限公司配电网工程典型设计（2024 版） 10kV 架空线路分册》表 4-5，水泥单杆 JKLYJ-10/240 导线在 B 气象区安全系数应选择 5.0，弧垂表也应相应选择。

2. 弧垂表不应再去其余配电网工程通用设计中选择。

【案例 49】某项目架空线路新架设 JKLYJ-10/240 导线 1.346km，水泥单杆最大直线转角为 10°，JKLYJ-10/70 单回路架空线路 0.345km，70 导线相邻杆塔（水泥单杆）的最大档距为 105m。

错误解析：

1. JKLYJ-10/240 导线允许最大直线转角为 8°，本项目为 10°，超过典设最大允许要求。

2. 典型设计规定绝缘导线的适用档距不超过 80m，本工程 10kV 绝缘导线适用档距为 105m，超过典设要求。

【案例 50】某架空线路新建项目，B 气象区，新建 JKLYJ-240 单回架空线路 0.4km，电杆选型中有 10 基电杆，其中 6 基为钢管杆，且选择型号为 GN39-13。

错误解析：

1. 该项目钢管杆占比较大，单位造价高，应详细说明原因，并予以优化。

2. JKLYJ-240 单回架空线路耐张钢管杆应根据转角度数按典设选择 GN27-35 之间的钢管杆，针对有后续双回路建设需求的应提供规划并详细说明。GN39-13 选型用于双回 240mm^2 10kV 和单回 185mm^2 低压架空线路，单纯单回线路选型过于浪费。

【**案例 51**】某纯 10kV 电缆线路新建项目，在技术方案中对架空杆头、杆型、导线等进行了选型，对电缆选型描述了一堆规程和使用条件，但并未说明具体选型，电缆结构示意图放了一张四芯的低压电缆图纸。

错误解析：

1. 该项目未涉及架空部分，该部分选型应删除。

2. 10kV 电缆选型，在描述使用条件后应说明本项目所选电缆为哪种电缆。

3. 电缆结构示意图应匹配所选电缆，不能匹配错误。

【**案例 52**】某 10kV 山区线路新建项目，海拔为 550m，附近有小水库，因档距较大，选择 35kV 铁塔架设线路。

错误解析：

1. 根据《浙江电网 2019 版冰区图使用导则》，该项目气象区覆冰为 15～20mm，现有运行线路导线覆冰按冰厚值的下限校核，由设计单位根据线路实际情况确定。新建或改造线路导线覆冰按冰厚值的上限取值。该覆冰已无可选 35kV 铁塔。

2. 根据现状，应考虑架空通道是否合理，是否有架设线路的必要性，若确有需要且无其他路径，应综合雷击、抗风、抗冰等情况，应参考《国家电网有限公司配电网工程典型设计（2024 版） 10kV 及以下配电网防灾抗灾分册》并校核。

【**案例 53**】某配电变压器新增项目，涉及 5 台配电变压器原址更换，6 台配电变压器新增，配电变压器为等高杆导线引下，工程材料为 15m 和 12m 杆各一基，且采用电缆引下。

错误解析：

1. 配电变压器主副杆安装采用的是浙江省公司 2013 版通用设计，而根据《国家电网有限公司配电网工程典型设计（2024 版） 10kV 架空线路分册》，配电变压器应采用等高杆。

2. 附件中的配电变压器安装图出自国网典设，但实际选型和工程材料与安装图不符。

3. 在国网典设中只有变压器侧装方式为电缆引下，安装图纸应与之相符。

二、停电（不停电）施工方案

【案例 54】 某线路改造项目，双回路线路同杆架设，需要更换单回路架空导线，在停电施工方案中仅考虑了需改造线路的停电方案。

错误解析：

1. 根据《国家电网公司电力安全工作规程（配电部分）》，同杆架设线路，在停电范围内一回线路换线，同杆架设线路也要做停电、验电、接地等安全措施。本项目的停电施工方案也应该考虑到。

2. 同杆双回架空线路，在单回改造时应同步考虑另一回线路的情况，避免重复停电、重复改造。

【案例 55】 某老旧配电变压器更换项目，每台配电变压器更换都配备了带电作业。且该项目中存在更换配电变压器为配电房中的两台配电变压器，经询问低压侧与另一台配电变压器有低压联络，停电施工方案描述为需要 20 个停电时户数。

错误解析：

1. 设计前应现场查勘，并且仔细看单线图。对于拉开支路跌落式熔断器不会扩大停电范围的配电变压器，以及在其他项目上级线路停电施工范围内能一起完工的配电变压器，不应列带电作业工程量。

2. 存在低压联络的配电房更换配电变压器，停电施工时可以将低压部分切换至另一台配电变压器供电，不涉及停电。

【案例 56】 某 10kV 线路改造项目，为减少停电时户数，停电施工方案描述在 ×× 处带电作业车直线改耐张并加装开关 1 处。但项目背景地图显示带电作业工作点在水田里，吊车和带电作业车均不能到达。且该分段中现并无用户。

错误解析：

1. 设计前对带电作业点位和吊车位置应进行现场踏勘，应满足带电作业车和吊车工作区域要求。该项目若采用带电直线改耐张需要2辆带电作业车和1辆吊车，在水田里应该无法施工。

2.该线路分段中现并无用户，可以通过运行方式调整将分段前后负荷转移，分段内停电不影响用户，可以在分段内采用停电施工作业立杆装开关。

3.设计人员应该多向供电所人员了解施工详情，根据实际需求和可能性编写停电施工方案。供电所人员应做好施工方案内审工作，提高投资精准性。

三、拆旧部分

【案例57】某架空线路改造项目，拆旧部分仅有1台开关，未说明处置意见，且缺少铁附件、避雷器、引线等旧材料。

错误解析：

1.配电网工程拆旧物资指项目实施过程中拆除的杆塔、导线、电缆、柱上设备、金具等物资。本项目涉及的横担、设备支架等铁附件、避雷器、引线等拆旧物资均应列入拆旧物资处理表中。

2.对于拆旧物资，应根据拆旧物资技术鉴定明确是否回收、利用、报废等处置意见。

【案例58】某老旧小区改造项目，将小区里原直埋老旧电缆更换为新电缆。各种型号的新电缆需求为7km，但在拆旧物资处理表中却只有0.1km电缆。

错误解析：

拆旧物资在可研初设一体化编制阶段应按应拆除电缆数量填写电缆的型号和长度。部分拆旧的直埋电缆可能被水泥封死，有可能无法抽出，应在实际施工时由监理见证后变更实际拆除数，不能直接在应拆物资里减掉。

类型五 "附件"类典型错误

【案例59】某配电变压器增容项目，附件的地理接线图只画了一个变压器，也没有底图。

错误解析：

1.配电变压器增容布点项目，应综合考虑整村变压器的负载率，不应纯增容。

2.附件中的地理接线图，应增加卫星地图背景图，并绘制配电变压器所供台区低压走向图及供区范围图，便于分析是否存在配电变压器间低压负荷割接的可能，减少变压器重载、轻载等负荷不均的情况。

【案例 60】某线路新建项目，附件中包含改造前后拓扑图、地理图、杆塔明细表，除此之外不再有其他图纸。

错误解析：

此项目附件除已提供部分，还应包含杆头、开关、接地系统安装图纸，且该部分安装图纸均应出自典设，该项目提供图纸不全。

【案例 61】某环网室开关柜柜体更换项目，附件中环网室一次接线图上电流互感器的变比均为 200/5。

错误解析：

环网室一次接线图，进线、馈线的平时电流不同，电流互感器的变比应该做出相应的调整。根据《国家电网公司配电网工程典型设计　10kV 配电站房分册》，环网室进线的电流互感器变比选为 600/5，馈线的电流互感器变比选为 300/5。

类型六　"工程造价"类典型错误

【案例 62】架空线路计列夜间施工增加费。

错误解析：

《20kV 及以下配网建设工程预算编制与计算规定（2022 年版）》规定架空线路工程、通信线路工程不计取夜间施工增加费。

【案例 63】改造工程，原设备、材料的拆除按余物清理费的计算方法计算，并计入建设场地征用及清理费的余物清理费中。

错误解析：

《20kV 及以下配网工程建设预算编制与计算规定（2022 年版）》规定按照拆除物类别提供余物清理费费率。该余物清理费指对所征地范围内原有的建筑物、构筑物等有碍工程建设的设施进行拆除、清运所发生的费用。若与工程本体改造、扩建相关的拆除项目，应单独套用拆除定额计入工程本体计算。

【案例 64】 工地运输中汽车运输运距按县公司集中仓库始发计算。

错误解析：

材料（设备）的各种运杂费应以工地现场仓库（或材料堆放点）为界，工地现场仓库（或材料堆放点）之前发生的运输、装卸、采购、保管、损耗等应列入材料（设备）费中，工地现场仓库（或材料堆放点）至工程所在地的运输、装卸费用套用工地运输定额计入定额直接费中。按目前较为普遍的甲供设备（材料）供货合同为甲方集中仓库车板交货为例，合同价只包含设备原价及设备从厂家仓库运抵甲方集中仓库的所有费用，另计取设备（材料）的卸车保管费用，计费方式为按预规规定费率计算。项目实施后，从甲方集中仓库运输至现场临时仓库或材料堆放点应计取配送费，计费方式为按预规规定费率计算。从现场临时仓库或材料堆放点出发运至工程所在点位的应套用工地运输定额计取。

【案例 65】 电缆工程中输电用电力电缆、电缆接头、防爆盒划分为材料计入安装工程费，配电站、开关站内输电用电力电缆、电缆头划分为设备性材料计入设备购置费。

错误解析：

建筑安装工程费、设备购置费用性质准确划分是工程造价的重要前提，必须严格执行预规相关规定。电缆工程中输电用电力电缆、电缆接头应划分为设备性材料计入设备购置费，配电站、开关站内输电用电力电缆、电缆头（如联络电缆）应划分为材料计入建筑安装工程费。

【**案例 66**】未计价材料损耗费计算错误，如：不计未计价材料损耗率，钢筋按 0.5% 计算，地脚螺栓按 3% 计算，跨接线按导线损耗率计算，电缆工程计算输电用电缆损耗，裸软导线、水泥、砂、石等未按工程实际地形调整损耗率。

错误解析：

施工中材料损耗是建设工程实施过程中的客观必要，是构成材料费的重要组成部分。概预算定额已按正常的施工条件、常用的施工方法和施工工艺综合考虑提供了各种未计价材料的损耗率参考标准，为准确编制概预算文件，体现建筑安装产品实际价值，应严格执行定额损耗率标准。

钢筋损耗率应包括制作损耗和安装损耗两部分合计 6.5% 计算；地脚螺栓不应参考常规螺栓、脚钉、垫片损耗率，应归类到型钢，如为成品供应按 0.5% 计算，如现场加工按 6.5% 计算；跨接线应区别导线按 2.5% 计算；电缆工程中输电电缆按设备性材料考虑，设计人员在计算电缆长度时已考虑的电缆波（蛇）形敷设、电缆牵引、电缆头制作损耗的电缆长度，编制概预算时不应再计算损耗；裸软导线损耗率应按施工方式及实际地形情况调整损耗率，水泥、砂、石应按实际地形情况调整损耗率。

【**案例 67**】工程建设其他费用列支不完整，如工程建设其他费用招标费、勘察费、工程建设检测费、生产准备费等构成工程建设总投资的费用不列支，工程造价不完整。

错误解析：

招标费、勘察费、工程建设检测费等是项目建设中必需的费用，应完整计取。实际工程未发生的应排查原因，提高工程建设的合规性。

【**案例 68**】建设场地征用及清理费计算不规范。

错误解析：

1. 建设场地征用及清理费应按照工程所在地县级及以上政府部门或行政部门相关规定（标准），或按照受陪方签订的合同（协议），或参照近期同区域、同类型工程实际费用标准计列。

2.征地（占地）补偿应按工程实际占地情况计算补偿面积，青苗及地上附属物赔偿应在考虑合理的施工方案和施工实际情况下以经济节约的方式计算赔偿面积。

3.同时考虑特殊跨越时发生的安全评估、封道线路、安全监护等费用，费用可参考主网相关标准列支。

4.设计人员应调查用地性质，防止冒估费用。

5.青苗、经济作物、地上附属物赔偿应提供完整的视频、图片信息等作为佐证材料。

6.赔偿费用列支应按费用性质按预规要求列入对应科目。

【案例 69】建设期贷款利息计算不规范、不准确。

错误解析：

建设期贷款利息是指法人筹措债务资金时，在建设期内发生并按规定允许在投入后计入固定资产原值的利息，应按配网资金融资方式和实际情况，准确计取建设期贷款。

建设期贷款利率应结合实际利率、年投资计划逐年计算，并按均衡贷款计算。在计算实际利率时，通常考虑按季计息。

例：浙江省内某 10kV 配网工程，初步设计概算静态投资为 5000 万元，其中资本金 1000 万元，贷款金额 4000 万元，建设期 2 年，第一年贷款 60%、第二年贷款 40%，贷款年利率 3.95%（按季计息）。计算建设期贷款利息。

第一步：计算本项目贷款的实际利率。

实际利率 $= \left[\left(1+3.95\%/4 \right)^4 - 1 \right] \times 100\% = 4.01\%$

第二步：建表计算建设期贷款利息（见表 4-10）。

表 4-10　建设期贷款利息表（单位：万元）

序号	年份	1	2
1	年初累计借款		2448.12（2400+48.12）
2	本年新增借款	2400	1600
3	本年应计利息	48.12（2400/2×4.01%）	130.25 [（2448.12+1600/2）×4.01%]

第三步：汇总建设期贷款利息为 48.12+130.25=178.37（万元）

【案例 70】线路复测及分坑中，不区分直线、耐张。

错误解析：

根据《20kV 及以下配电网工程预算定额》（2022 年版），架空线路复测分坑应区分杆塔形式，直线单杆、耐张单杆、直线双杆、耐张双杆、直线自立塔、耐张自立塔、三联杆分别套用复测分坑定额。

【案例 71】架空线路工程工地运输工程量计算错误。

错误解析：

根据《20kV 及以下配电网工程预算定额》（2022 年版），架空线路工程工地运输应区分运输方式、物料类别分类统计物料的运输重量，其中运输重量 = 设计用量 ×（1+ 材料损耗率）× 单位运输重量。其中地方性材料信息价已包含一定距离的材料运输费用，就地取材的地方性材料不应重复计算工地运输费用，若实际距离超出时，可酌计运输费。

【案例 72】架空线路工程工地运输，人力运距按实际运输距离计算。

错误解析：

人力运输平均运距计算公式为：

$$Y_j = \Sigma L_j R_j K \div \Sigma L_j$$

式中　Y_j——平均运距（km）；

L_j——各段线路材料量，以各段线路长度为代表；

R_j——各段线路材料的人力运输直线距离；

K——弯曲系数，指受地理、地势和地面障碍物等影响，运输路径中发生的弯曲，包括上坡、下坡、盘山道路等增加了运输距离，而应对运输直线距离所乘的系数。详见人力运输弯曲系数参考表。

【案例 73】架空线路工程工地运输，汽车运输地形增加系数参考工程地形增加系数。

错误解析：

工地运输的运输地形应按运输路径的实际地形来划分，运输地形不等同于工程地形，但人力运输的路径可以参考工程地形。

【**案例 74**】架空线路自立塔塔材在计算工地运输工程量时，没有区分螺栓、脚钉、垫圈的损耗及单位运输重量。

错误解析：

根据《20kV 及以下配电网工程预算定额》（2022 年版），自立塔塔材在计算工地运输工程量时，螺栓、垫圈、脚钉物料并入塔材运输物料分类，但损耗率、单位运输重量应单独执行各自规定。

【**案例 75**】架空线路、电缆线路工程，土、石质按比例估列。

错误解析：

根据《20kV 及以下配电网工程预算定额》（2022 年版），架空线路、电缆线路工程土石方计算时应逐坑（电缆管沟应逐段）判别土、石质类别，按定额土石方计算公式计算土石方工程量。

【**案例 76**】架空线路工程带卡盘、底盘的水泥杆土石方工程量计算错误，未严格执行定额工程量计算规定计算土石方工程量。

错误解析：

根据《20kV 及以下配电网工程预算定额》（2022 年版），带卡盘、底盘的混凝土杆，分别以最大尺寸（含施工操作裕度作为坑底长和宽）按平截长方尖柱体土石方计算公式计算。

例：某 1 基水泥杆采直埋式加卡盘方式安装，如图 4-6 所示，已知该水泥杆梢径 ϕ190，高度 15m，锥度 1∶75，设计埋深 2.5m。卡盘尺寸如图 4-7 所示，要求安装高度 –1.3m。该基坑土质为 Ⅰ、Ⅱ类土，采用人工开挖。计算该基水泥杆土石方工程量，详见表 4-11。

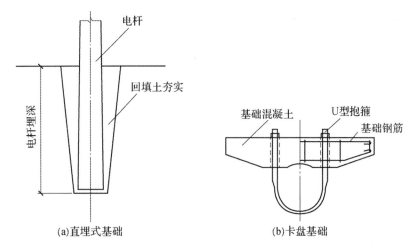

(a)直埋式基础 (b)卡盘基础

图 4-6 安装方式

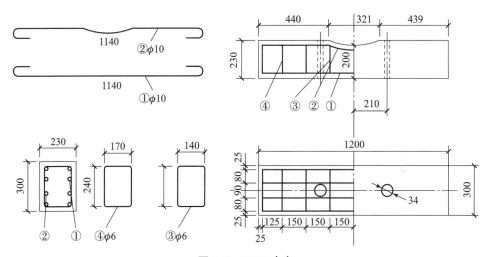

图 4-7 KP12 卡盘

表 4-11 基水泥杆土石方工程量计算表

序号	项目名称	计算过程	单位	工程量
1	土石方开挖工程量	$V=h/6 \times [ab+(a+a_1) \times (b+b_1)+b \times b_1] = 2.5/6 \times [0.874 \times 1.5+$ $(0.874+3.374) \times (1.5+4)+3.374 \times 4]$	m³	15.90
1.1	基坑深		m	2.5
1.2	基坑底宽	Max×〔0.19+15/75,0.2+0.19+（15-1.2）/75〕+2×0.15	m	0.874
1.3	基坑底长	Max×（0.19+15/75,1.2）+2×0.15	m	1.5
1.4	基坑口宽	0.874+2×2.5×0.5	m	3.374
1.5	基坑口长	1.5+2×2.5×0.5	m	4

【案例 77】架空线路工程钢筋、钢筋笼区分错误。

错误解析：

根据《20kV 及以下配电网工程预算定额》（2022 年版），架空线路工程板式基础、台阶式基础、护壁的钢筋执行钢筋制作或安装定额，灌注桩、挖孔桩的钢筋执行钢筋笼制作、安装定额。地脚螺栓安装执行钢筋安装定额。

【案例 78】架空线路工程挖孔基础，混凝土浇制工程量计算错误。

错误解析：

根据《20kV 及以下配电网工程预算定额》（2022 年版），挖孔桩基础在计算混凝土浇制定额工程量时应区分是否有护壁。有护壁时桩身工程量按设计量计算，护壁工程量按护壁设计量另加 17% 充盈量计算；无护壁时桩身工程量按设计量另加 7% 充盈量计算。

【案例 79】架空线路工程挖孔基础，混凝土浇制工程量定额套用错误。

错误解析：

根据《20kV 及以下配电网工程预算定额》（2022 年版），挖孔桩基础在套用混凝土浇制定额时，应区分孔深，孔深小于 5m 时，执行现浇基础浇制定额子目，大于 5m 时执行灌注桩浇制定额子目。

【案例 80】工程项目水泥杆、钢管杆 5 根以内定额未调整系数。

错误解析：

定额考虑线路施工工程量按 5 根以上混凝土、钢管杆考虑，如 5 根以内，定额人工、机械乘以系数 1.3。水泥杆和钢管杆根数独立判定。

【案例 81】架空线路工程，架线工程量计算错误，如 10kV 及 1kV 多回路架空线路架设，定额工程量按亘长乘以根数计算。

错误解析：

根据《20kV 及以下配电网工程预算定额》（2022 年版），铝绞线、钢芯铝绞线、架空绝缘电缆（绝缘导线）架设定额按单回路考虑，定额工程量计算区分导线截面，按线路亘长乘以单回路根（相）数，以"100m"为计量单位计算。当同杆塔架设双回、多回线路工程架线施工时，按单回路乘定额回路（或邻近带点）系数。

例：某 10kV 配网架空线路工程，已知该线路亘长 3.5km，双回路同时架设，导线选用架空绝缘电缆，型号 JKLYJ-10/240。计算架线工程定额工程量及定额调整系数。

（1）定额工程量计算：架空绝缘电缆架设 P×5–17 3500×3/100=105（100m）。

（2）定额调整系数，见表 4–12。

表 4–12　定额调整系数

序号	回路数	同时架设			邻近带电线路		
		人工	材料	机械	人工	材料	机械
1	一回路	1.00	1.00	1.00	1.10	1.00	1.10
2	二回路	1.75	2.00	1.75	1.98	2.00	1.98
3	三回路	2.50	3.00	2.50	2.75	3.00	2.75
4	四回路	3.10	4.00	3.10	3.41	4.00	3.41
5	六回路	4.00	6.00	4.00	4.40	6.00	4.40

定额调整系数：人工 ×1.75，材料 ×2，机械 ×1.75。

【案例 82】架空线路工程，杆上设备的送配电系统调试工程量计算错误。

错误解析：

根据《20kV 及以下配电网工程预算定额》（2022 年版），送配电系统调试工程量按断路器数量计算，工作内容包括断路器、负荷开关、隔离开关、电流互感器、电压互感器、保护、监控及计量等二次回路调试、传动试验、保护联调试验以及接口功能试验。送配电系统中无二次系统（保护、监控、测量等）不得计取送配电系统调试。如常规断路器且不配置 FTU 的不计算分系统调试，一二次融合断路器的计算分系统调试。

【案例 83】电缆耐压试验定额工程量套用错误，如：同一地点做两回以上交流耐压试验，一回路超过 1km，另一回路未超过 1km，定额调整系数错误。

错误解析：

根据《20kV 及以下配电网工程预算定额》（2022 年版）规定：

1. 电力电缆试验按线路长度 1km 以内考虑。电力电缆线路长度每增加 1km（不足 1km 按 1km 计算），增加执行"长度每增加 1km"定额子目。在同一地点做两路及以上试验时，从第二回路起按 60% 计算。

2. 定额套用时按较长回路作为第一回路计算，耐压试验设备满足较长回路的试验要求。较短的作为第二回路，定额套用时按系数调整。

【案例 84】 配电站工程，室内充气室环网箱安装套用 10kV 高压成套配电柜安装定额。

错误解析：

根据《20kV 及以下配电网工程预算定额》（2022 年版），套用 10kV 气体绝缘环网柜成套装置定额，并按断路器数量调整定额基价，不得套用 10kV 空气绝缘环网柜或 10kV 高压成套配电柜安装定额。

【案例 85】 配电站工程分系统调试工程量计算错误比较高。

错误解析：

根据《20kV 及以下配电网工程预算定额》（2022 年版）规定：

1. 母线系统调试仅适用于装有电压互感器的母线段，实际工程中母设间隔分系统调试应计入母线分系统调试，不应套用送配电设备系统定额子目。

2. 主变压器系统调试应区分高压侧配置负荷开关或断路器，分别选用不同的定额子目，分系统调试的范围一次设备包括变压器及高低压侧的负荷开关或断路器。10kV 送配电设备系统调试应区分进出线配置负荷开关或断路器，分别选用不同定额子目。

3. 1kV 及以下交流供电系统，只适用于直接从母线段输出的带保护的送配电系统。实际工程未满足该条件的不应计取 1kV 交流供电分系统调试费用。

4. 开关站母线分段间隔的送配电设备系统调试应按同电压等级的送配电设

备系统定额乘以系数 0.5 计，带有电抗器或电容补偿的间隔，应按同电压等级的送配电设备系统定额乘以系数 1.2 计。

【内容小结】

本章主要按照可研初设一体化编制模板顺序，对规划方案、设计中易发生的错误进行举例，同时按照《20kV 及以下配电网工程建设预算编制与计算规定》《20kV 及以下配电网工程预算定额》，对工程造价中常见的错误进行解析，提醒读者在编制中注意防范，同时也便于编制人员能更深刻地理解相关规定并进行编制。

【测试巩固】

1.某项目为 ×× 变电站出线电缆更换。建设必要性问题描述如下：×× 线路投运于 ×× 年（距今 10 年），电缆老旧，1 号杆电缆头温度高，红外测温温度为 70℃，存在故障风险。可研编制中要求更换整根电缆，请问存在哪些错误？

2.某电缆新建项目，土建工程量为新建 4+2 孔顶管 0.45km，新建电缆井 2座。请问存在哪些错误？

第五章 评审要点及编制质量提升探讨

🎯【章节目标】

本章旨在通过项目评审要点、编制质量提升的评价体系建立，提醒读者对项目可研初设一体化编制中的要点进行重点关注，提升编制质量。

📑【知识指南】

知识一 评审要点

一、通用评审要点

1.规划衔接

（1）网架类项目是否来自规划库，项目是否与规划图纸相匹配。

（2）原则上不符合网格化规划的项目不得纳入预储备库，不得开展可研编制，不得安排可研评审。

（3）为应对突发负荷开展的项目如与规划项目存在较大偏差，应重点论证项目建设的必要性和可行性，取得规划意见后方可开展工程设计与评审。

2.典型设计、标准物料、新技术应用情况

（1）执行规程规范、典型设计、标准物料。原则上应100%参照典型设计，超出典型设计适用范围部分，应进行专项分析比较。

（2）对不采用标准物料的工程，严格执行评审扣分原则。

（3）典型设计之外的新技术、新材料、新设备，应在上级部门指导下开展或应用，确保技术方案先进，经济效益明显。

3. 专业间技术方案的衔接、可行合理性分析

（1）技术方案与技经专业之间数据内容是否保持一致，便于数据或方案校核。

（2）线路路径方案是否可行，工程造价是否合理。

（3）线路与变电站间隔对应，且路径布局合理，避免交叉等。

4. 成果整体情况分析

（1）设计深度是否满足有关标准要求，各专业内容是否详实。

（2）资料是否完整，应该包含的图片、图纸、表格、投资、清册、必要的协议或审批文件是否齐全等。

（3）工程技术方案与技经文件是否统一。

（4）技术方案设备选型与技经文件、材料清单是否统一。

5. 停电或带电作业方案合理性分析

结合电网和设备现状及项目建设情况进行项目实施过渡方案分析，提出切实可行的、合理的、详细的停电作业或带电作业方案，保证用户可靠用电。

6. 工程量评审要点

（1）工程量应与专业文件保持一致，避免出现与技术方案不一致的漏、错项，并严格执行定额中的相关规定。

（2）审核工程造价是否与典型造价偏差较大，对于偏差较大的，必须详细审查是否合理。

（3）估（概）算与可研报告技术部分主要工程量的一致性。例如线路长度、杆塔数量、电缆长度、设备数量、基础数量、排管规模、电缆工作井数量等，应按照可研报告技术要求编制设备材料清册，估（概）算工程量与设备清册工程量一致。

（4）估（概）算中主材的裕度问题。架空导线裕度按照技术要求路径长度乘以相应系数；电缆长度按照规定要求预留余量。

（5）估（概）算中钢管杆按典型设计进行设计的工程，钢管杆及基础量与典型设计对比。钢管杆型号、重量严格执行技术要求；钢管杆基础形式符合报告技术要求。

（6）估（概）算中电缆排管、电缆工作井等按典型设计的工程，工程量应与典型设计相同。

（7）估（概）算中架空线路长度、档距、杆塔数量之间对应情况，三者应在报告技术方案要求之内。

二、10（20）kV线路项目评审要点

1.10（20）kV线路类项目

（1）新建变电的10（20）kV配套送出工程，应统筹规划10（20）kV间隔出线方向，避免后期工程线路交叉跨越或变电站倒间隔。对已有间隔的使用应明确间隔号，待建间隔的使用应结合变电站平面图，详细描述间隔位置。

（2）新建或改造10（20）kV出线项目，应审核变电站间隔情况及一次、二次设备情况，是否符合线路改造或新建后容量、电流要求，还要考虑线路出线后变电站母线负荷平衡。

（3）新建10（20）kV出线工程，应提供项目周边电网GIS图，详细论述供电范围、负荷预测、沿途负荷切改情况，规划与其他线路联络情况。对重要交叉跨越，应专题描述跨越设计方案。

（4）新建或改造10（20）kV线路，应论述廊道资源的占用情况，在廊道受限的情况下应考虑为规划线路预留通道。

（5）对重要用户的双电源供电，接入系统方案尽量避免双回电源来自一个变电站，若不能避免，则必须从不同母线出线，并避免同杆架设。

（6）改造线路工程，应明确原线路型号、线号、运行年限、杆塔情况、故障情况、线路走廊占用情况，提供现场照片等支撑材料。

（7）当线路长度远超10（20）kV合理供电半径，设计成果除了必要性论述外，还要根据传输容量计算无功损耗和末端电压，确定联络转供是否合理，是否需在后端安装线路无功补偿或者线路调压器等。

（8）电缆使用是否合理，是否符合电缆使用原则。

（9）改造项目应该明确退运设备、拆除设备的处置方案。

（10）报告中需要详细阐述负荷预测上下文一致性，提供必要的负荷曲线。

2.10（20）kV 站房类项目

（1）站房类新建项目，应核实建设标准是否符合供区类型。

（2）站房类新建项目，是否考虑一二次同步建设。

（3）站房类改造项目，应明确原设备型号、运行年限、故障情况，提供现场照片、故障记录等支撑材料。

（4）环网箱、箱变等户外设备，因运行环境较差，应尽量减少使用。

3.10（20）kV 配电变压器类项目

（1）配电变压器布点增容是否按照"先布点、后增容"原则执行。

（2）配电变压器增容是否已达立项要求，应明确原配电变压器负载情况、用户数情况，改造后是否会轻载或改造不到位。

（3）配电变压器重载改造是否整村考虑负荷情况，新布点配电变压器负荷预测是否合理。

（4）配电变压器进出线使用电缆是否合适。

（5）配电变压器建设是否符合典设。

三、低压项目评审要点

（1）新建线路工程，应明确供电区域内用电现状、用电负荷类型、用电规模及预计供电负荷增长率。

（2）改造线路工程，应明确原线路型号、线号、运行年限、杆塔状况、故障情况、线路走廊占用情况，提供现场照片等支撑材料。

（3）台区低压出线是否单纯只出 1 回且负荷较大。

（4）低压线路改造是否符合电缆使用原则。

知识二 编制质量提升

针对配电网可研初设一体化编制质量低的问题，国网绍兴供电公司针对性地建立了一个评价体系，便于逐步提升项目可研初设一体化编制质量。

一、评价指标体系构建

结合国网绍兴供电公司配电网"可研初设一体化"评审管理体系，考虑评审工作管理流程、工作特点，将"批次评价"和"年度评价"两个维度设立为配电网"可研初设一体化"质量评价的目标层。

批次评价体系方案层共 4 项一级指标，准则层共 9 项二级指标，见表 5-1。

表 5-1　配电网"可研初设一体化"批次评价指标体系

序号	目标层	方案层（一级指标）	准则层（二级指标）
1	批次评价	方案合理性	一次评审通过率
2			一次收口通过率
3			最终评审通过率
4		评审时效性	报审顺序
5			提交收口及时性
6		设计准确性	技术评审
7			技经评审
8		投资精准性	资金准确率
9			资金调整率

年度评价体系方案层共 2 项一级指标，准则层共 7 项二级指标，见表 5-2。

表 5-2　配电网"可研初设一体化"年度评价指标体系

序号	目标层	方案层（一级指标）	准则层（二级指标）
1	年度评价	储备质量	年度储备占比
2			网架类占比
3			低压项目占比
4		评审质量	年度方案合理性
5			年度评审时效性
6			年度设计准确性
7			年度投资精准性

批次评价各级指标权重见表 5–3，年度评价各级指标权重见表 5–4。

表 5–3 批次评价各级指标权重

评价层	一级指标	一级指标权重值	二级指标	二级指标权重值	综合权重值
批次评价	方案合理性	0.4	一次评审通过率	0.5	0.2
			一次收口通过率	0.25	0.1
			最终评审通过率	0.25	0.1
	评审时效性	0.1	报审顺序	0.5	0.05
			提交收口及时性	0.5	0.05
	设计准确性	0.4	技术评审	0.8	0.32
			技经评审	0.2	0.08
	投资精准性	0.1	资金准确率	0.5	0.05
			资金调整率	0.5	0.05

表 5–4 年度评价各级指标权重

维度	一级指标	一级指标权重值	二级指标	二级指标权重值	综合权重值
年度评价	年度储备质量	0.5	年度储备占比	0.4	0.2
			网架类占比	0.4	0.2
			低压项目占比	0.2	0.1
	年度评审质量	0.5	年度方案合理性	0.4	0.2
			年度评审时效性	0.1	0.05
			年度设计准确性	0.4	0.2
			年度投资精准性	0.1	0.05

二、评价体系指标定义及来源

（一）批次评价方案合理性分析

1. 必要性分析

从立项要求、判断依据、立项原则、综合分析四个方面衡量项目建设的必要性，并将项目列计为通过、退回或调整项目。

（1）综合分析基本满足要求，必要性基本符合立项要求的项目列计为通过项目。

（2）必要性分析不满足立项依据要求，立项不符合颗粒度要求，项目不符合"放管服"要求的项目列计为退回项目。

（3）判断依据不足、必要性分析描述不详细准确、数据支撑不充分的项目列计为退回项目。

（4）方案中存在部分不满足立项原则的项目列计为调整项目。

2. 可行性分析

从建设方案、建设成效、方案设计、综合分析四个方面衡量项目建设的可行性，并将项目列计为通过、退回或调整项目。

（1）综合分析合理，方案基本经济可行，论证清晰的项目列计为通过项目。

（2）总体经济性不可行，建设方案未依据总体规划、出资界面、建设标准，改造方案与现状问题不匹配，改造方案存在严重问题，改造成效不显著，问题解决不彻底的项目列计为退回项目。

（3）建设成效难以判断，方案论证缺失或不合理，未提供改造后负荷预测数据，不能满足 $N-1$ 校验等项目列计为退回项目。

（4）方案设计中部分联络、路径、分段、线径、杆位、物料等需要调整的项目列计为调整项目。

从建设方案必要性、可行性两个角度及评审给出的退回、调整、通过的结论，衡量分析项目管理单位的管理力度、水平及设计单位成果质量，提出一次评审通过率、一次收口通过率、最终评审通过率三个指标，对批次评价中方案合理性进行分析研究。

（二）批次评价方案合理性指标设立

1. 一次评审通过率

（1）指标定义。

一次评审通过率指一次评审通过项目数量占评审项目总数的比例。

（2）指标计算。

一次评审通过率 = 一次评审通过项目数量 / 一次评审项目总数 × 100%

一次评审通过项目数量 = 一次评审项目总数 – 退回数量 – 调整系数 × 调整项目数量

调整系数 = 项目需调整部分资金 / 对应项目总资金

（3）指标说明。

一次评审通过率重点分析评价项目管理单位和设计人员对于项目立项和方案经济可行性的把控程度和设计人员的设计成果质量水平。

2. 一次收口通过率

（1）指标定义。

一次收口通过率指一次收口当天满足收口条件项目数量占收口送审项目总数的比例。

（2）指标计算。

一次收口通过率 = 一次收口当天满足收口条件项目数量 / 收口送审项目总数 × 100%

（3）指标说明。

一次收口通过率重点分析评价项目管理单位和设计人员对评审意见的理解和修改态度。

3. 最终评审通过率

（1）指标定义。

最终评审通过率指最终评审通过项目数量占一次评审项目总数的比例。

（2）指标计算。

最终评审通过率 = 最终评审通过项目数量 / 评审项目总数 × 100%

最终评审通过项目数量 = 评审项目总数 − 最终退回数量

（3）指标说明。

最终评审通过率与一次评审通过率对比，可体现出原方案为方案本身问题还是设计人员收资问题，分析评价项目管理单位参与内审的力度及管理能力。

三、批次评价评审时效性分析

根据每年度每个批次综合实际情况，公司下发每个批次的评审计划周期安排，各项目管理单位与外协设计单位需结合自身设计项目成果编制情况响应评审计划安排，并确定和上报参与评审时间；评审完成后，需结合自身设计项目成果修改完善情况，反馈设计成果收口资料，并完成收口和上传工作。

为提升项目管理单位的项目协调与把控能力及设计单位的配合程度和支撑力度，提出报审顺序、提交收口及时性两个指标，对批次评价中评审时效性进行分析研究。

四、批次评价评审时效性指标设立

1. 报审顺序

（1）指标定义。

报审顺序指项目管理单位参与批次评审报名顺序。

（2）指标计算。

依据项目管理单位提报的参与批次评审时间顺序，得出评审时间的排序。

（3）指标说明。

报审顺序指标重点分析项目管理单位对设计单位、设计成果从组织协调、成果质量、编制周期等方面的把控水平。

2. 提交收口及时性

（1）指标定义。

一次评审结束后，项目管理单位反馈修改完善收口成果的天数。

（2）指标计算。

提交收口及时性天数 = 提交收口成果日期 – 一次评审结束日期

（3）指标说明。

提交收口及时性指标重点分析项目管理单位对设计单位修改完善成果时间的把控力度和提交收口成果的积极性。

五、批次评价设计准确性分析

设计准确性研究主要评审设计成果的完整性、规范性、准确性，并根据评审结果出具评审分数。

设计成果包括可研初设一体化报告、附件（含附图、附表）、技经三方面，如图 5-1 所示。

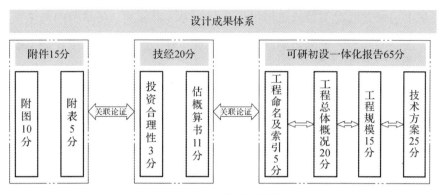

图 5-1　设计成果评审体系

1. 构建梯度评分制

配电网可研初设一体化项目分析建设必要性和可行性，项目涉及内容、建设方案存在难易程度上的差异，因此将项目划分为简单和复杂项目。

一般更换配电变压器、纯电缆敷设等为简单项目，除简单项目以外的其他项目则为复杂项目。

扣除分数以 3 级扣分上限为基准值，简单项目与复杂项目默认以 1.5 : 1 的比例设置，不影响 1、2 级扣分上限值。阶梯评分流程见图 5-2。

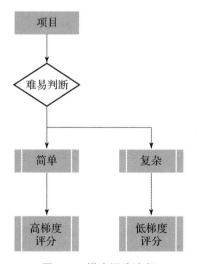

图 5-2　梯度评分流程

2. 构建报告评分体系

根据报告评审内容、重点及专家经验，建立可研初设一体化报告评分体系，覆盖配电、线路两类项目的总体报告章节作为评审分项，各章节内具体重点关注的详细问题作为评审细则标准，实现"章、节、点"三级梯度评分。报告评分体系满分为65分，其中主要包含工程命名及索引章节5分、工程总体概况章节20分、工程规模章节15分、技术方案章节25分。

扣分限制说明：章、节、点三级分项评审标准分别对应1、2、3级扣分上限值，以1级扣分上限值为最终扣分，各级汇总扣分与上一级扣分上限值比较，两者取小值（下同）。报告评分体系见表5-5。

表 5-5　报告评分体系

	评审标准指标			扣分标准		
	1级指标	2级指标	3级指标	3级扣分上限值	2级扣分上限值	1级扣分上限值
报告	工程命名及索引	工程命名	不满足颗粒度要求	2	2	5
			不满足命名规则	2		
		签字页	未执行编制、校对、审核、审批程序	2	2	
		盖章页	存在错误	1	1	
		目录	未按模板编写	2	2	
			目录与实际不对应	1		
		排版规范性	未按模板编写	2	2	
			字体、表格序号、图片序号等不正确	2		
	工程总体概况	设计依据及原则	设计依据、原则缺失错误	2	2	20
			设计依据已过期	1		
			设计依据不相关	1		
		网格及工程概况	区域地理概况缺失	1	5	
			区域地理概况错误	1		
			区域电网概况缺失	2		

评审标准指标				扣分标准		
1级指标	2级指标	3级指标		3级扣分上限值	2级扣分上限值	1级扣分上限值
报告	工程总体概况	网格及工程概况	区域电网概况错误	2	5	20
			工程简介缺失	2		
			工程简介错误	2		
		建设必要性	现状分析描述不清	4	12	
			现状数据提供依据不足无法判断	2		
			现状数据错误失真无法判断	2		
			拓扑图存在问题	2		
			地理接线图存在问题	2		
			负荷情况存在问题	2		
			必要性不完全满足立项要求	5		
		方案论证	必要的方案论证缺失	4	4	
			方案论证不合理	3		
			缺改造后负荷预测	2		
			缺改造后负荷预测，无法判断方案是否合理	3		
			部分方案不合理	3		
		设计范围、实施年限	设计范围缺失、错误	1	1	
			实施年限缺失、错误	1		
		投资估（概）算	估算与估算书不一致	2	2	
			概算与概算书不一致	2		
	工程规模	主要工程量	未按模板编写	2	4	15
			工程量数量错误	4		
		主要技术参数	参数缺失	2	2	
			参数错误	1		
			参数不相关	1		

评审标准指标			扣分标准		
1级指标	2级指标	3级指标	3级扣分上限值	2级扣分上限值	1级扣分上限值
工程规模	设备主材	设备主材未按模板编写	3	6	15
		设备主材数量错误	2		
		设备主材单位错误	2		
		设备主材价格错误	2		
		设备主材为非标准物料	2		
		设备主材缺少	2		
	典型设计应用	非现行典设方案	3	3	
		典设方案填写不全或错误	2		
报告	技术方案	工程方案	站址、路径选择不合理	2	5	25
		无故未按典设设计	2		
		气象条件选择缺失错误	2		
		地形地质选择不合理	2		
		运输运距不合理	1		
		交叉跨越不合理	1		
		架空线路部分	导线选取和使用缺失或不合理	2	13	
		杆型和电杆选择不合理	2		
		杆头选取不合理	2		
		拉线选型不合理	1		
		钢管杆选型不合理	2		
		角钢塔选型不合理	2		
		耐张及分支杆引线、铁件材料加工选择不合理	1		
		金具、绝缘子选用不合理	2		
		柱上变压器选用不合理	2		
		低压配电箱技术参数及选用不合理	2		

评审标准指标			扣分标准		
1级指标	2级指标	3级指标	3级扣分上限值	2级扣分上限值	1级扣分上限值
报告	技术方案				
		架空线路部分			
		柱上开关选择不合理	2	13	25
		防雷选用不合理	2		
		接地选用不合理	2		
		杆塔基础选用不合理	2		
		配电一次部分			
		电气主接线选择不合理	2		
		环网柜选择不合理	2		
		站内变压器选择不合理	2		
		低压柜选择不合理	2		
		无功补偿选择不合理	1		
		导体选择不合理	2		
		绝缘配合不合理	1		
		接地选择不合理	1		
		电气平面布置缺失或不合理	2		
		站用电及照明描述不合理	1		
		配电二次部分			
		二次设备布置缺失或不合理	1		
		二次设备布置不合理	1		
		测控保护配置缺失	1		
		测控保护配置不合理	1		
		配电自动化配置缺失	3		
		配电自动化配置不合理	3		
		站房土建部分			
		土建部分非典设方案	1		
		建筑设计、总平布置、结构设计不合理	1		
		排水、消防、通风、环境保护及其他不合理	1		

评审标准指标				扣分标准		
	1级指标	2级指标	3级指标	3级扣分上限值	2级扣分上限值	1级扣分上限值
报告	技术方案	电缆部分	电缆环境条件说明错误	3	13	25
			电缆结构示意图错误	1		
			电缆选型（导体材料、绝缘水平、金属屏蔽、护套、外护套）和电缆使用条件错误	4		
			电缆附件选配（含终端头、中间接头、分支箱等错误）	2		
			电缆敷设说明错误	2		
			对市政管线的影响论述缺失	1		
			电缆管道及土建基础选择错误	3		
			电缆线路防雷、接地选择是否正确	2		
			标志块、标志桩、警示牌和警示带是否缺失、描述错误	1		
		停电施工方案	停电施工方案缺失	3	3	
			发电车保供、带电作业不合理	2		
		拆旧物资处理	拆旧物资缺失遗漏	2	3	
			拆旧物资错误	2		
			拆旧物资处置方案不合理	1		
		环境保护及劳动安全	缺失或描述错误	1	1	

3.构建附件评分体系

附件评审包括附图和附表评审两部分。结合设计成果"必备、必要、无要求"成果要求，形成评审细则标准，建立可研初设一体化附件评分体系，实现三级梯度评分。附件评分体系满分为15分，主要包括附图、附表。

附件对应 1 级扣分上限值，附图、附表对应 2 级扣分上限值，详细评审细则标准对应 3 级扣分上限值，见表 5–6。

表 5–6 附件评分体系

评审标准				3 级扣分上限值	2 级扣分上限值	1 级扣分上限值
附件	附图	附图	附图目录、图框缺失或错误	1	10	15
			PMS 单线图未提供	1		
			地理接线图问题	4		
			拓扑图问题	4		
			必要的断面图缺失错误	2		
			配电一次图缺失错误	2		
			配电平面布置图缺失错误	2		
			二次路由图缺失错误	2		
			基础安装改造图缺失错误	2		
			通用图纸缺	5		
			未采用典型设计图纸	4		
			图纸排序混乱	2		
			缺少重要交叉跨越电缆通道断面图	1		
			缺少通道敷设位置图	1		
	附表	杆塔明细表	杆塔明细表非标准模板	3	10	
			杆塔明细表填写错误	3		
		基础清册	基础清册非标准模板	3		
			基础清册填写错误	3		
		电缆、管道清册	电缆清册非标准模板	3		
			电缆清册填写错误	3		
		物料清单	物料编码、描述等错误	2		
			物料单位、数量错误	2		
		关联论证表	关联论证表缺失错误	1	1	

4.构建技经评分体系

根据报告中技经部分编制、投资合理性分析及估概算书编制的准确性，形成评审细则标准，建立可研初设一体化技经评分体系，实现三级梯度评分。技经评分体系满分为 20 分，主要包括报告中技经章节、估概算书部分。

技经部分对应 1 级扣分上限值，技经章节、估概算书对应 2 级扣分上限值，详细评审细则标准对应 3 级扣分上限值，见表 5-7。

表 5-7　技经评分体系

评审标准			3 级扣分上限值	2 级扣分上限值	1 级扣分上限值
技经部分	报告技经章节	编制依据	1	3	20
		投资合理性分析	2		
	估（概算书）	规程规范不准确	2	23	
		费用标准不准确	2		
		价格信息不准确	3		
		定额计价不准确	8		
		定额计量不准确	8		

结合设计成果评审内容及重点，本次批次评价体系将设计准确性分析划分为技术和技经两个部分，技术部分重点包括报告和附件部分评审，技经部分即对应技经评审。

六、批次评价设计准确性指标设立

1.技术评审

（1）指标定义。

技术评审指项目管理单位和设计人员对设计成果在技术方面准确性、合规性的评价得分。

（2）指标计算。

专家评审后，根据设计成果文件中存在的问题，给出的技术评审得分。

技术评审得分 = 报告评审得分 + 附件评审得分

（3）指标说明。

技术评审得分重点是针对设计成果文件中的可研初设一体化报告、项目清册、附件内容的审查，分数的高低直接体现设计成果的质量好坏。

2. 技经评审

（1）指标定义。

技经评审指项目管理单位和设计人员对设计成果在技经方面合理性的评价得分。

（2）指标计算。

专家评审后，根据技经成果文件中存在的问题，给出的技经评审得分。

（3）指标说明。

技经评审得分重点是针对设计成果文件报告中技经部分内容、估算表、概算表等方面的审查，得分的高低直接体现技经成果质量的好坏。

七、批次评价投资精准性研究

投资精准性受方案合理性影响，方案合理性分析研究将项目列计为退回、调整、通过项目，其中需要退回、调整的项目投资会出现较大变化。方案存在较大问题被退回项目，投资核减为0；通过补充完善分析内容及方案调整优化后的退回或调整项目，投资情况依据最新方案做相应调整。

为分析批次评价中整体投资调整情况，评价每个批次中一次评审版项目总投资水平与最终评审通过项目总投资水平的差异占最终评审通过项目总投资水平的比例情况，采用资金准确率指标进行分析评价。

为分析批次评价中单体项目投资调整变化情况，评价多项单体工程投资变化的总和水平占最终评审通过项目总投资水平的比例情况，采用资金调整率指标进行分析评价。

八、批次评价投资精准性指标设立

1. 资金准确率

（1）指标定义。

资金准确率指最终评审通过项目总体核减资金占一次评审项目总资金的比例。

（2）指标计算。

资金准确率＝最终评审通过项目总体核减资金/一次评审项目总资金×100%

最终评审通过项目总体核减资金＝送审项目总资金－收口项目资金

（3）指标说明。

资金准确率重点分析批次评审项目总体资金核减情况，间接体现方案的合理性及估概算的精准性。

2. 资金调整率

（1）指标定义。

资金调整率指最终评审通过项目中单体项目资金调整绝对值的总和占最终评审通过项目总资金的比例。

（2）指标计算。

资金调整率＝最终评审通过项目中单体项目资金调整绝对值的总和/最终评审通过项目总资金×100%

（3）指标说明。

资金调整率与资金准确率对比综合分析，可间接体现出方案合理性与技经精准性占比情况。

九、年度评价储备质量分析

公司依据各项目管理单位配电网现状、规划重点方向、资金规划安排情况，每年年初差异化给出最低储备额度指标、网架类占比指标、低压项目占比指标 3 项规定，以此把控各项目管理单位储备项目资金安排。其中"年度最低储备额度"是公司年初计划。依据项目储备指标规定，提出年度储备占比、网架类占比、低压项目占比 3 个指标，衡量年初指标的完成情况，分析评价储备质量。

十、年度评价储备质量指标设立

1. 年度储备占比

（1）指标定义。

年度储备占比指年度储备项目总资金占最低储备额度规定指标的比例。

（2）指标计算。

年度储备占比 = 年度储备项目总资金 / 最低储备额度规定指标×100%

（3）指标说明。

年度储备占比指标重点分析项目管理单位年度储备额度总体情况。

2. 网架类占比

（1）指标定义。

网架类占比指年度最终评审通过网架类项目总资金占最终评审通过项目总资金的比例。

（2）指标计算。

网架类占比 = 年度最终评审通过网架类项目总资金 / 最终评审通过项目总资金×100%

（3）指标说明。

网架类占比指标重点分析项目管理单位网架类项目总资金的侧重和把控情况。

3. 低压项目占比

（1）指标定义。

低压项目占比指年度最终评审通过低压类项目总资金占最终评审通过项目总资金的比例。

（2）指标计算。

低压项目占比 = 年度最终评审通过低压类项目总资金 / 最终评审通过项目总资金×100%

（3）指标说明。

低压项目占比指标重点分析项目管理单位低压类项目总资金的侧重和把控情况。

十一、年度评价评审质量分析

公司在年内批次评价，从方案合理性、评审时效性、设计准确性、投资精准性四个维度进行分析评价后，需综合各批次评价得分情况进行年度评审质量评价分析，因此，采用年度方案合理性、年度评审时效性、年度设计准确性、年度投资精准性四个指标衡量项目管理单位年度项目评审综合质量水平。

十二、年度评价评审质量指标设立

1. 年度方案合理性

（1）指标定义。

年度方案合理性指汇总年度各批次方案的理性加权得分值。

（2）指标计算。

年度方案合理性 =Σ 各批次方案合理性得分 × 对应批次加权值

（3）指标说明。

年度方案合理性指标重点分析项目管理单位年度项目方案合理性的综合水平。

2. 年度评审时效性

（1）指标定义。

年度评审时效性指汇总年度各批次评审时效性加权得分值。

（2）指标计算。

年度评审时效性 =Σ 各批次评审时效性得分 × 对应批次加权值

（3）指标说明。

年度评审时效性指标重点分析项目管理单位年度项目评审时效性的综合水平。

3. 年度设计准确性

（1）指标定义。

年度设计准确性指汇总年度各批次设计准确性加权得分值。

（2）指标计算。

年度设计准确性 =Σ 各批次设计准确性得分 × 对应批次加权值

（3）指标说明。

年度设计准确性指标重点分析项目管理单位年度项目设计准确性的综合水平。

4.年度投资精准性

（1）指标定义。

年度投资精准性指汇总年度各批次投资精准性加权得分值。

（2）指标计算。

年度投资精准性 =Σ 各批次投资精准性得分 × 对应批次加权值

（3）指标说明。

年度投资精准性指标重点分析项目管理单位年度项目投资精准性的综合水平。

配电网可研初设一体化质量评价体系指标数据，主要来源为本年度各批次统计数据，见表 5-8。

表 5-8　配电网可研初设一体化质量评价体系指标数据源

序号	目标层	方案层	准则层	基础数据	数据来源
1	批次评价	方案合理性	一次评审通过率（%）	一次评审项目总数、退回项目数量、调整项目数量	批次评价后数据汇总
2			一次收口通过率（%）	一次收口当天满足收口条件项目数量、收口送审项目总数	批次评价后数据汇总
3			最终评审通过率（%）	最终退回项目数量、一次评审项目总数	批次评价后数据汇总
4		评审时效性	报审顺序	提报参与批次评审时间	批次评价后数据汇总
5			提交收口及时性	提交收口成果日期、一次评审结束日期	批次评价后数据汇总
6		设计准确性	技术评审	报告得分、附件得分	批次评价后数据汇总
7			技经评审	技经得分	批次评价后数据汇总
8		投资精准性	资金准确率（%）	收口项目资金、送审项目总资金	批次评价后数据汇总
9			资金调整率（%）	最终评审通过项目中单体项目资金调整绝对值、最终评审通过项目总资金	批次评价后数据汇总

序号	目标层	方案层	准则层	基础数据	数据来源
1	年度评价	储备质量	年度储备占比（%）	年度储备项目总资金、最低储备额度规定指标	批次评价后数据汇总、市公司年初计划
2			网架类占比（%）	年度最终评审通过网架类项目总资金、最终评审通过项目总资金	批次评价后数据汇总、市公司年初计划
3			低压项目占比（%）	年度最终评审通过低压类项目总资金、最终评审通过项目总资金	批次评价后数据汇总、市公司年初计划
4		评审质量	年度方案合理性	各批次方案合理性得分、最终评审通过项目数量	批次评价后数据汇总
5			年度评审时效性	各批次评审时效性得分、最终评审通过项目数量	批次评价后数据汇总
6			年度设计准确性	各批次设计准确性得分、最终评审通过项目数量	批次评价后数据汇总
7			年度投资精准性	各批次投资精准性得分、最终评审通过项目数量	批次评价后数据汇总

知识三 评价打分体系构建

评价打分体系采用百分制打分，批次评价、年度评价满分均为100分，依据指标数据，利用打分计算公式，得出指标实际得分情况。批次评价打分体系见表5-9，年度评价打分体系见表5-10。

总分计算方法：

批次评价得分 =Σ 四项一级指标得分 × 一级指标权重

年度评价得分 =Σ 两项一级指标得分 × 一级指标权重

一级指标得分 =Σ 对应二级指标得分 × 二级指标权重

表 5-9 配电网"可研初设一体化"质量评价批次评价打分体系

序号	评价维度	一级指标	二级指标	得分说明	得分计算公式
1	批次评价	方案合理性	一次评审通过率	一次评审通过率=100%，100分；每减少1%，扣2分，扣完为止	100-（1-一次评审通过率）×100×2
2			一次收口通过率	一次收口通过率=100%，100分；每减少1%，扣2分，扣完为止	100-（1-一次收口通过率）×100×2
3			最终评审通过率	最终评审通过率=100%，100分；每减少1%，扣2分，扣完为止	100-（1-最终评审通过率）×100×2
4		评审时效性	报审顺序	排序第1名：100分；按照排序依次递减10分；提报评审时间一致，排序名次相同，分数相同	100-（报审时间排序-1）×10
5			提交收口及时性	一次评审结束后，1周内提交收口：100分；每增加1天，扣5分	100-（提交收口成果日期-一次评审结束日期-7）×5
6		设计准确性	技术评审	技术方面满分：100分；依据技术打分表得分	技术评审得分/80×100
7			技经评审	技经方面满分：100分；依据技经打分表得分	技经评审得分/20×100
8		投资精准性	资金准确率	资金准确率=0%，100分；每增加0.1%，扣1分，扣完为止	100-资金准确率×100×10
9			资金调整率	资金调整率=0%，100分；每增加0.1%，扣1分，扣完为止	100-资金调整率×100×10

表 5-10 配电网"可研初设一体化"质量评价年度评价打分体系

序号	评价维度	一级指标	二级指标	得分说明	得分计算公式
1	年度评价	年度合规性	年度储备占比	符合年初最低储备额度规定指标，年度储备占比≥100%，100分；每减少1%，扣2分，扣完为止	100-（1-年度储备占比）×100×2
2			网架类占比	符合年初网架占比规定指标，网架类占比≥网架类占比规定指标，100分；每减少1%，扣2分，扣完为止	100-（网架类占比规定指标-网架类占比）×100×2

139

续表

序号	评价维度	一级指标	二级指标	得分说明	得分计算公式
3	年度评价	年度合规性	低压项目占比	符合年初低压项目占比规定指标，低压项目占比≤低压项目占比规定指标，100分；每增加1%，扣5分，扣完为止	100-（低压项目占比-低压项目占比规定指标）×100×5
4		年度综合性	年度方案合理性	年度方案合理性=100%，100分；每减少1%，扣2分，扣完为止	100-（1-年度方案合理性）×100×2
5			年度设计准确性	年度设计准确性=100%，100分；每减少1%，扣2分，扣完为止	100-（1-年度设计准确性）×100×2
6			年度投资精准性	年度投资精准性=100%，100分；每减少1%，扣2分，扣完为止	100-（1-年度投资精准性）×100×2
7			年度评审时效性	年度评审时效性=100%，100分；每减少1%，扣2分，扣完为止	100-（1-年度评审时效性）×100×2

【内容小结】

本章通过项目评审要点的描述，提醒评审人员和可研初设一体化编制人员在工作中注意要点把控，建立了可研初设一体化编制质量评价体系，从管理上提升编制质量，加快评审储备效率。

【测试巩固】

1. 新建110kV变电站的10（20）kV配套送出工程，间隔使用有何注意点？

2. 对重要用户的双电源供电方案，有何注意点？

第六章 区域项目典型案例分享

🎯 【章节目标】

本章旨在通过 A 类供区、B 类供区、C、D 类供区等典型案例的列举，帮助读者进一步理解可研初设一体化在实际项目中的应用。

📑 【案例解析】

案例一 A 类区域项目典型案例

（一）项目名称

A 市 B 区 2024 年 10kV HR619 线、×H609 线 HR 环网室新建工程。

（二）项目简介

该项目取自《A 市 B 区"十四五"配电网规划》滚动修编项目库，所在地域为 A 类供电区域。

HR 花园附近有多个双电源用户需接入，但就近环网室已无可用间隔，无法满足该地块多个双电源用户的接入需求；×H609 线和 HR619 线目前挂接负荷较小，且周边已基本成型，无大用户接入，存在线路轻载问题。

该项目通过新建 HR 环网室，将 ×H609 线、HR619 线环入 HR 环网室。

项目实施后，将释放 ×H609 线和 HR619 线的供电能力，提升该线路的经济效益，同时满足 HR 花园周边新增用户的接入需求，更好地满足城市社会经济的发展和居民生活质量日益提高对电力的需求。

（三）项目详情

项目详细情况请扫描下方二维码继续阅读。

A 类区域项目典型案例

案例二　B 类区域项目典型案例

（一）项目名称

A 市 B 区 2024 年 10kV JK465 线、P×449 线网架优化加强工程。

（二）项目简介

该项目取自《A 市 B 区"十四五"配电网规划》滚动修编项目库，所在地域为 B 类供电区域。

YQ 环网室从 10kV P×449 线 50 号杆、10kV SZ465 线 49 号杆 T 接，GP 环网室从 10kV JJ455 线 33 号杆、10kV WH441 线 33 号杆 T 接，两个环网室现状接线方式均为非标准接线，供电可靠性低。

该网格内 9 条线路相互联络，形成一团网的复杂联络，运行方式复杂，不利于调度运维，也不利于自动化实现。

该项目通过梳理，通过利用老旧电缆及部分新建，整理出一组架空电缆混合的双环网。

该项目实施后，将拆除复杂联络，梳理出清晰的主干网架，提升该区域网架标准率，配以馈线自动化，将提升该区域供电可靠性，并根据市政开发逐步过渡到电缆双环网。

（三）项目详情

项目详细情况请扫描下方二维码继续阅读。

B 类区域项目典型案例

案例三　C、D 类区域项目典型案例

（一）项目名称

A 市 B 县 10kV C810 线后樟支线网架优化加强工程。

（二）项目简介

该项目取自《A 市 B 县"十四五"配电网规划》。

10kV C810 线主要存在以下问题：

10kV YL810 线后樟支线为大分支线路，共挂接用户 23 个，所带负荷为 8280kVA，经过与 CH890 线末端联络后，后樟支线线路状况老旧，线径小。一旦

线路故障需要检修时，线路倒供存在"卡脖子"现象，无法保证居民正常用电，从而影响居民生活。

YL810线后樟支线投运于2003年，通道走廊状况差，线路老旧，导线为LJ-50裸导线，电杆低矮倾斜，在雨雪天气时易发生故障，存在安全隐患。

YL810线后樟支线分段不合理，故障及检修时无法确保用户供电可靠性，需重新分段。

×YT K台，配电变压器不满足用户的用电需求，需就地增容；×YT O台、×YT H台变压器负荷接近重载，且周边仍有用户新增用电需求，需新增台区切割负荷。

（三）项目详情

项目详细情况请扫描下方二维码继续阅读。

C、D类区域项目典型案例

【内容小结】

本章通过可研初设一体化的具体实践案例的展示，从A、B类供区、C类供区、D类供区等项目出发，通过典型案例阐释了可研初设一体化是如何在实践中应用的，为从业人员提供借鉴。

【测试巩固】

1. A、B类与C、D类供电区域项目有何区别？

2. 农村变压器增容补点遵循哪些原则？

参考答案

第一章

1.现今的配电网与传统配电网有何区别?

答:现今的配电网,其发展目标是在增强保供能力的基础上,推动配电网在形态上从传统的"无源"单向辐射网络向"有源"双向交互系统转变,在功能上从单一供配电服务主体向源网荷储资源高效配置平台转变,有效促进分布式智能电网与大电网融合发展,较好满足分布式电源、新型储能及各类新业态发展需求。

2.可行性研究部分与初设部分各自侧重点有哪些?

答:可行性研究部分,侧重从技术经济角度对新建或改建项目的主要问题进行全面的分析研究,并对其投产后的经济效果进行预测,在既定的范围内进行方案论证的选择,以便最合理地利用资源,达到预定的社会效益和经济效益;从系统总体出发,对技术、经济、财务、商业以至环境保护、法律等多个方面进行分析和论证,以确定建设项目是否可行,为正确进行投资决策提供科学依据。项目的可行性研究是对多因素、多目标系统进行不断地分析研究、评价和决策的过程。

初步设计部分,侧重于在保证技术可行和经济合理的前提下确定项目的主要技术方案、设备选型、路径方案及各项技术经济指标。总体上,可行性研究部分是初设的基础,初设是对可行性研究成果在技术、经济等方面的深化,二者不可分割。

第二章

1.中压配电网电缆网目标网架结构主要有哪几种?

答：中压配电网电缆网目标网架结构主要有双环式和单环式，主要分布于城区和部分城镇核心区。

2. 配电架空线路相关附图应包含哪些图纸？

答：配电架空线路相关附图应包含现状电网地理接线图及单线图、工程实施后地理接线图及单线图、电气主接线图、电气总平面布置图、电缆通道布置图、通信系统示意图、线路路径图、杆塔、基础型式等内容，相关的应补充柱上设备装置布置、电气主接线等图纸。

第三章

1. 线路年负荷曲线中，线路年最大负荷是否取最高点数据？

答：负荷年曲线图从调度 D5000 等系统中截取，作为确定线路平均负荷和最大负荷的依据。因一年最大负荷基本在 7-8 月，故如果可研编制日期在 8 月以后，可采用当年曲线；如果可研编制日期在 8 月以前，可采用上一年负荷曲线；如有线路割接或负荷特性不同寻常的线路，可采用两年负荷曲线图。文本中应附所有相关线路负荷曲线图，并比对相互关联线路日曲线、调度记录等数据，取得正常运行方式下的负荷数据。

2. 10kV 架空线路设计参照哪个典设？

答：配电网设计涉及的典型设计，10kV 部分应主要参考《国家电网有限公司配电网工程典型设计（2024 版）》，包含架空线路（含配电变台内容）、配电站房分册两部分。山区有铁塔需求部分可参考《国家电网有限公司输变电工程典型设计》35kV 铁塔型录。防雷部分可参考差异化典设，如《国网浙江省电力有限公司配电网工程差异化典型设计　10kV 架空地线分册》，沿海及山区冻雨区域可选择《国家电网有限公司配电网工程典型设计　10kV 及以下配电网防灾抗灾分册》。

3. 电缆改造项目，若设计时经现场踏勘仍不能确定电缆是否直埋，届时能否成功回收，应如何填写？

答：可研初设一体化拆旧物资表中物资为应拆部分，应涵盖所有拆旧规模，在不能确定电缆是否能回收时，应填写所有应回收部分。在项目实施阶段，如遇原电缆为直埋等无法成功回收情况时，也即应收数量、条目与计划拆除数量、条目不符时，应经监理单位现场核实后，项目实施单位（部门）出具差异原因说明，监理部门会签后上报资产管理部门。同时资产管理部门依据相关设备资产报废损耗标准，审核差异是否合理。

第四章

1.某项目为××变电站出线电缆更换。建设必要性问题描述如下：××线路投运于××年（距今10年），电缆老旧，1号杆电缆头温度高，红外测温温度为70℃，存在故障风险。可研编制中要求更换整根电缆，请问存在哪些错误？

答：（1）根据项目需求立项原则，电缆设备运行年限不足25年，满足供电能力且不影响安全运行的，原则上不予整体更换。本项目线路投运年限为10年，且无本体故障，不满足电缆全寿命周期要求。

（2）项目需求立项原则中规定，电缆运行时间大于25年或本体故障累计满4次及以上（不包括外部原因和附件故障），并经状态评价存在绝缘缺陷的电缆线路，应安排更换。

本项目电缆头温度高可能属于电缆头制作工艺问题，电缆更换必要性不足。应通过重新制作电缆头解决电缆头温度高的问题，不应整体更换。

2.某电缆新建项目，土建工程量为新建4+2孔顶管0.45km，新建电缆井2座。请问存在哪些错误？

答：（1）根据图纸，该项目4+2孔顶管实为非开挖拉管（平常习惯称之为顶管），且技经部分计算施工费有较大差异，应按实际填写。

（2）新建4+2孔非开挖拉管，一次拉管0.45km路径过长，水平距离一般不宜超过0.2km。

（3）使用非开挖拉管应附现场照片并标示拉管位置，进行重点说明。

第五章

1.新建110kV变电站的10（20）kV配套送出工程，间隔使用有何注意点？

答：（1）新建变电的 10（20）kV 配套送出工程，应统筹规划 10（20）kV 间隔出线方向，避免后期工程线路交叉跨越或变电站倒间隔。对已有间隔的使用应明确间隔号；待建间隔的使用应结合变电站平面图使用，详细描述间隔位置。

（2）新建或改造 10（20）kV 出线项目，应审核变电站间隔情况及一次、二次设备情况，是否符合线路改造或新建后容量、电流要求，还要考虑线路出线后变电站母线负荷平衡。

2. 对重要用户的双电源供电方案，有何注意点？

答：对重要用户的双电源供电，接入系统方案应尽量避免双回电源来自一个变电站，若不能避免，则必须从不同母线出线，并避免同杆架设。

第六章

1. A、B 类与 C、D 类供电区域项目有何区别？

答：A、B 类区域以电缆网为主，主要按双环网、单环网标准建设，C、D 类供电区域以架空网为主，主要以建设多分段适度联络网架为主。

2. 农村变压器增容补点遵循哪些原则？

答：农村配电变压器台区按"小容量、密布点、短半径"的原则建设改造。新建和改造的台区，应选用低损耗配电变压器（目前要求是 S20 以上变压器）。涉及增容的应结合容量是否匹配、设备是否健康等参数，考虑是否同步更换低压配电箱等设备。

参考文献

［1］胡列翔等.高可靠性配电网规划［M］.北京：机械工业出版社，2020.

［2］国家电网有限公司.配电网规划设计技术导则：Q/GDW 10738.北京：中国电力出版社，2020.

［3］国家电网有限公司.国家电网有限公司配电网工程典型设计（2024 版）.北京：中国电力出版社，2024.

［4］国家能源局.配电网可行性研究报告内容深度规定：DL/T 5534—2017.北京：中国计划出版社，2017.

［5］国家能源局.配电网初步设计文件内容深度规定：DL/T 5568—2020.北京：中国计划出版社，2021.

［6］国家电网有限公司.国网设备部关于印发 10kV 及以下配电网建设改造项目需求管理提升工作方案的通知：设备配电〔2019〕55 号文.北京：国家电网有限公司设备部，2019.

［7］国家能源局.20kV 及以下配电网工程建设预算编制与计算规定（2022 年版）.北京：中国电力出版社，2023.

［8］国家能源局.20kV 及以下配电网工程预算定额（2022 年版）.北京：中国电力出版社，2023.